LEGO

レゴ

競争にも模倣にも負けない
世界一ブランドの育て方

蛯谷 敏◉著

ダイヤモンド社

①創業の地、デンマーク・ビルンに2021年に竣工したレゴグループの新本社。5万4000㎡の敷地には福利厚生施設なども建設され、約2000人の従業員が働く。レゴブロックを彷彿させるユニークな外観が目を引く

②レゴ本社のオフィスの様子。至るところにレゴ作品が置かれ、社員の働く意欲と遊び心を刺激する設計が用意されている

③新本社には原則として社員の固定席はない。どの場所で働くかという決定権を社員に委ね、主体的な働き方を促す

④社員のウェルビーイング（心身の充実）を尊重し、さまざまな福利厚生プログラムを用意する

⑤ビルの壁面からも、レゴのオフィスであることが分かる

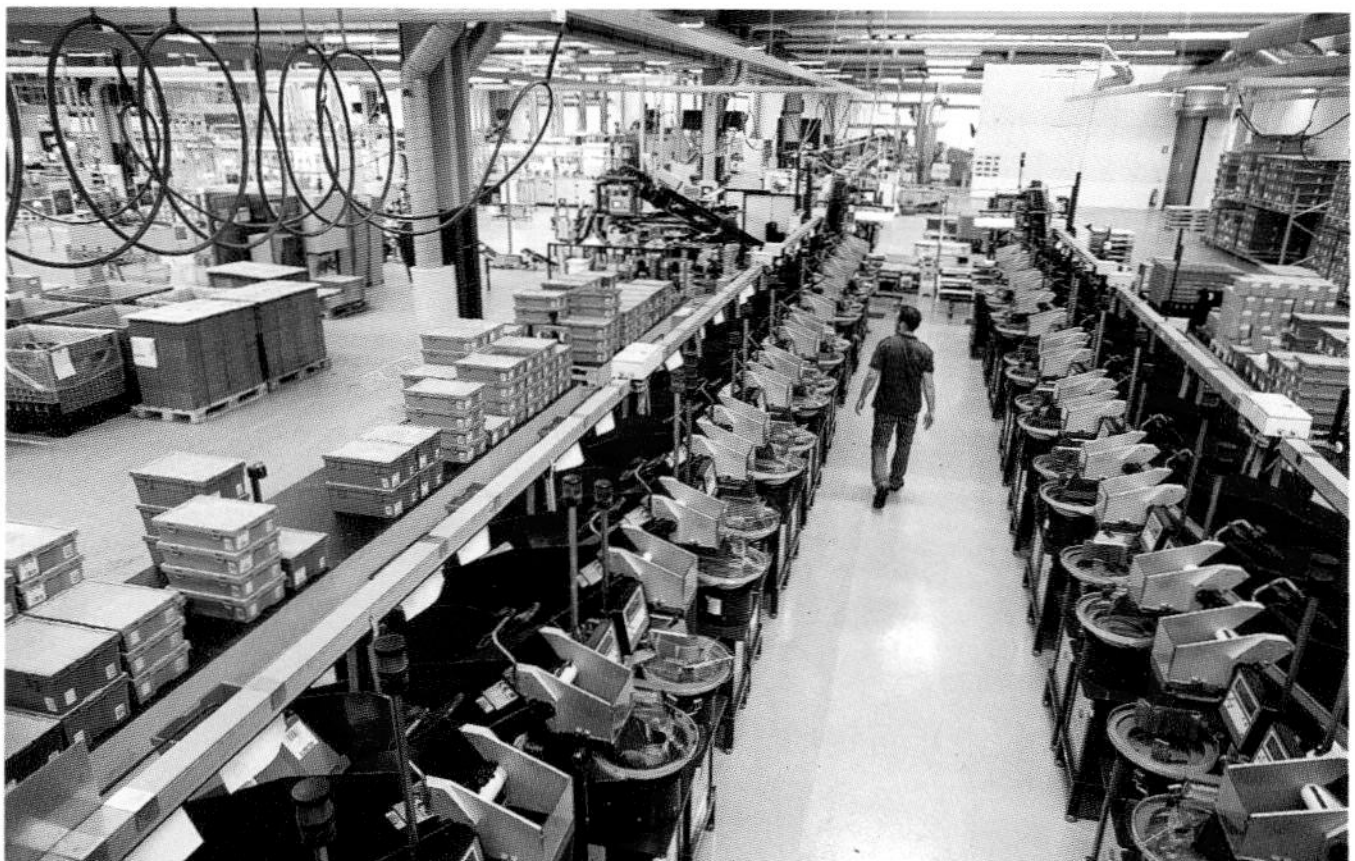

⑥デンマーク・ビルンの本社近くにあるコーンマーケン工場。クリスマスを除く364日、24時間稼働する。レゴはこのほか、ハンガリー、メキシコ、チェコ、中国にも生産拠点を持つ

⑦レゴ工場の生産はほぼ自動化されている。写真中央にあるのは、成形機が製造したブロックを倉庫に搬送するロボット

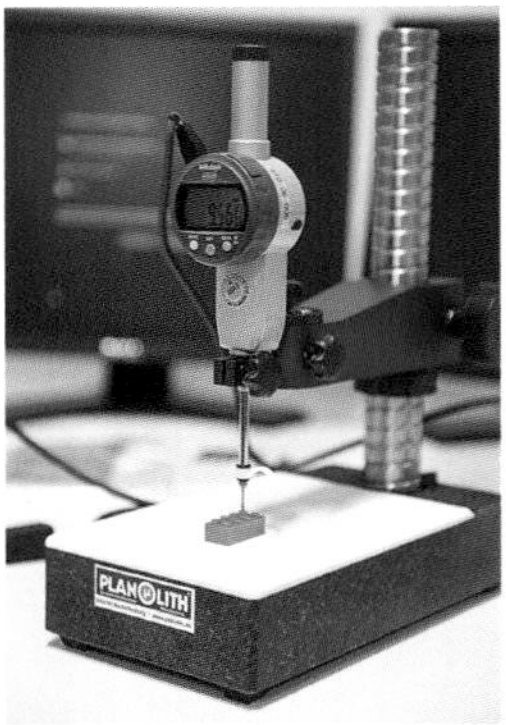

⑧ブロック同士がピタリとはまるようにするには、0.005mm単位の精度でブロックを成形する必要がある。写真はその品質を計測する装置

⑨成形したブロックを保管しておく倉庫。20mほどの高さがある

⑩2017年に開設した「レゴハウス」の館内。「Home of Bricks（ブロックの故郷）」というコンセプトの下、レゴが長年培ってきた遊びの哲学を体験できるさまざまな場が用意されている

⑪レゴハウス内の中央に根を張る「Tree of Creativity（創造力の木）」。高さ15m超、631万6611個のレゴブロックが使われている。レゴビルダーたちの無限の可能性を象徴する

⑫レゴブロックで作られた3体の巨大な恐竜。レゴハウスを象徴するオブジェである

⑬試行錯誤しながらブロックを組み立て、そのプロセスから学びを得る。レゴは創造的思考を育むツールとしても広く知られている

⑭遊びのデジタル化を推進する一方で、レゴは店舗における「体験の場」を大切にする。レゴストアは2020年時点で全世界に678店ある

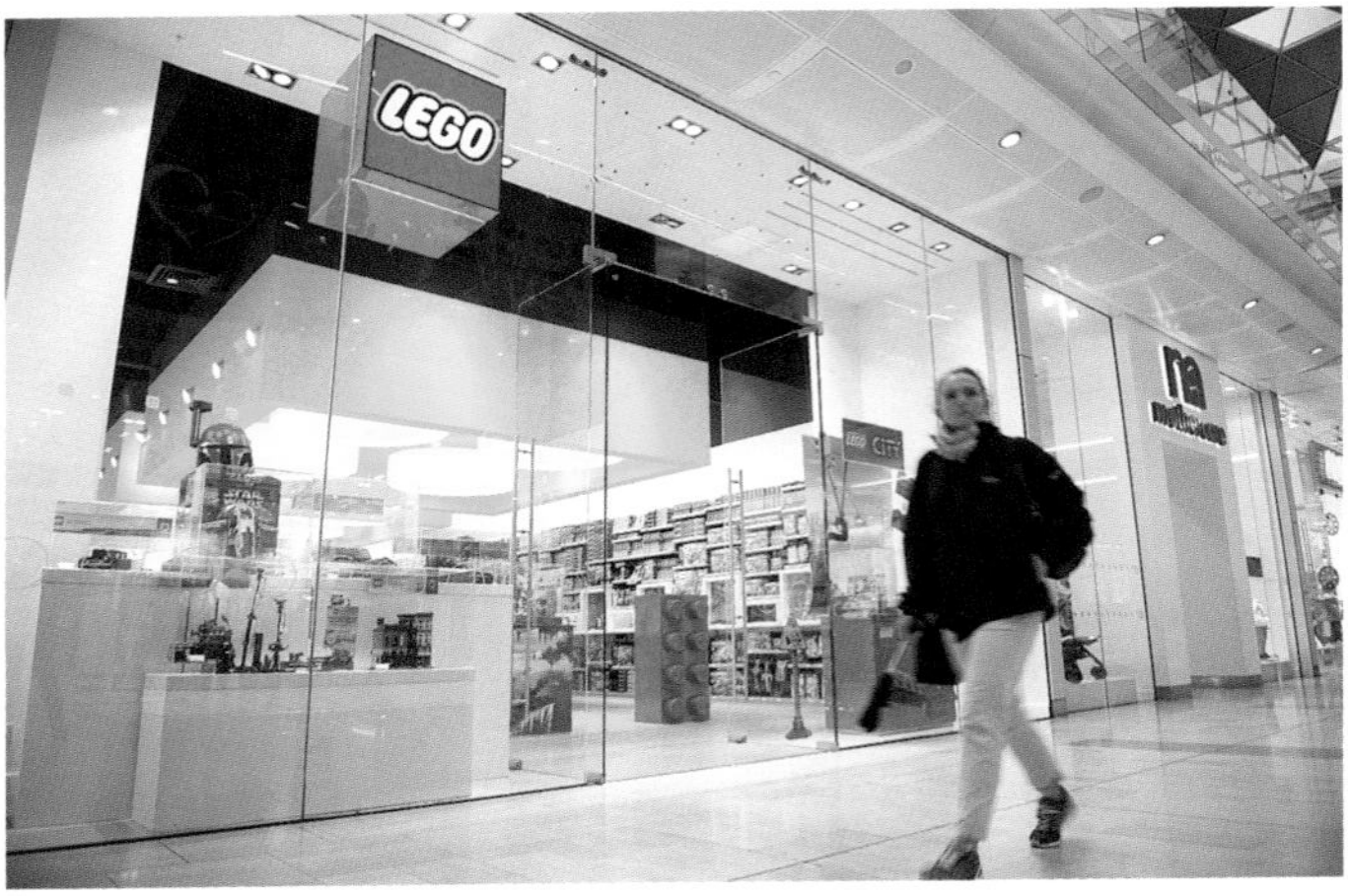

⑮購入手段はネットでも、その決め手になるのは、リアルな場での体験が影響する。レゴのブランドがまだ浸透していない中国や中東では、リアル店舗の存在が大切になるという

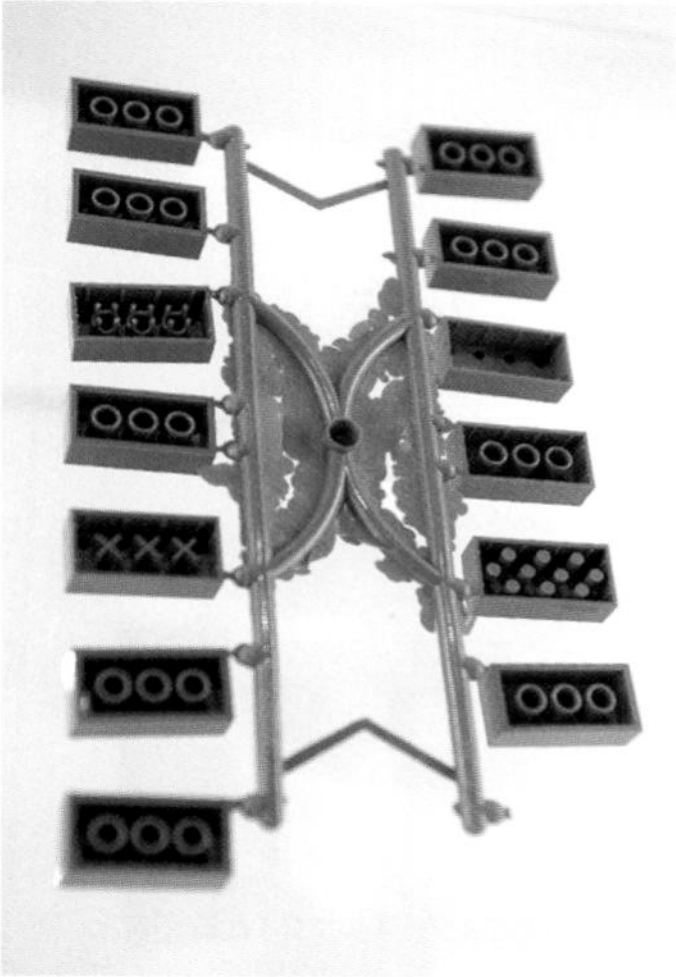

⑰ブロック開発の初期には、ブロック同士をしっかり連結させるために、さまざまな方法が試されていた

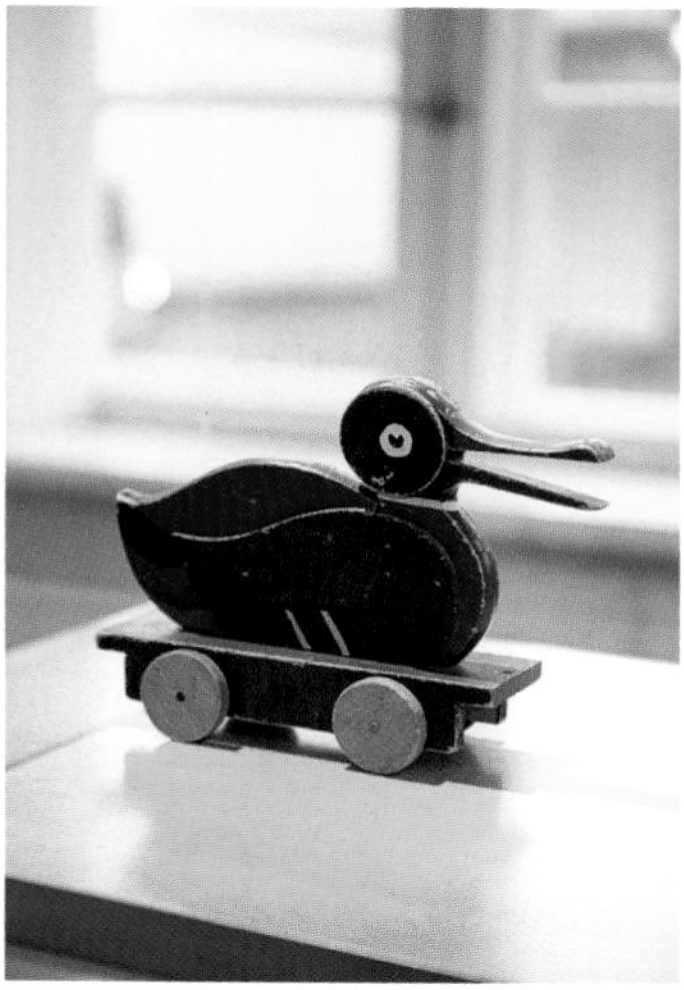

⑯ブロック以前は、木製玩具で人気を博していたアヒル形のプルトイ（引いて遊ぶ玩具）は、最も人気の高い製品の一つだった

⑱木製からプラスチックのブロックになっても、アヒルはレゴを象徴する玩具の一つだ

⑲初期のブロックは1949年に製造され、「オートマ・ビンディング・ブロック」と名づけられた。側面に切れ目があり、内側はチューブがなく、空洞になっている。1953年に「レゴブロック」に改名した

⑳1978年に登場した「プレイテーマ」は、レゴの遊び方の世界を広げる契機となった。「キャッスル（城）」「スペース（宇宙）」「タウン（町）」シリーズが大ヒットし、子供たちは自分らが作る世界に没入した

㉑「キャッスル（城）」シリーズと並んで初期の人気プレイテーマだった「スペース（宇宙）」シリーズ。ミニフィギュアの宇宙飛行士はその後、2014年に公開された「レゴムービー」の主役の一人にも選ばれた

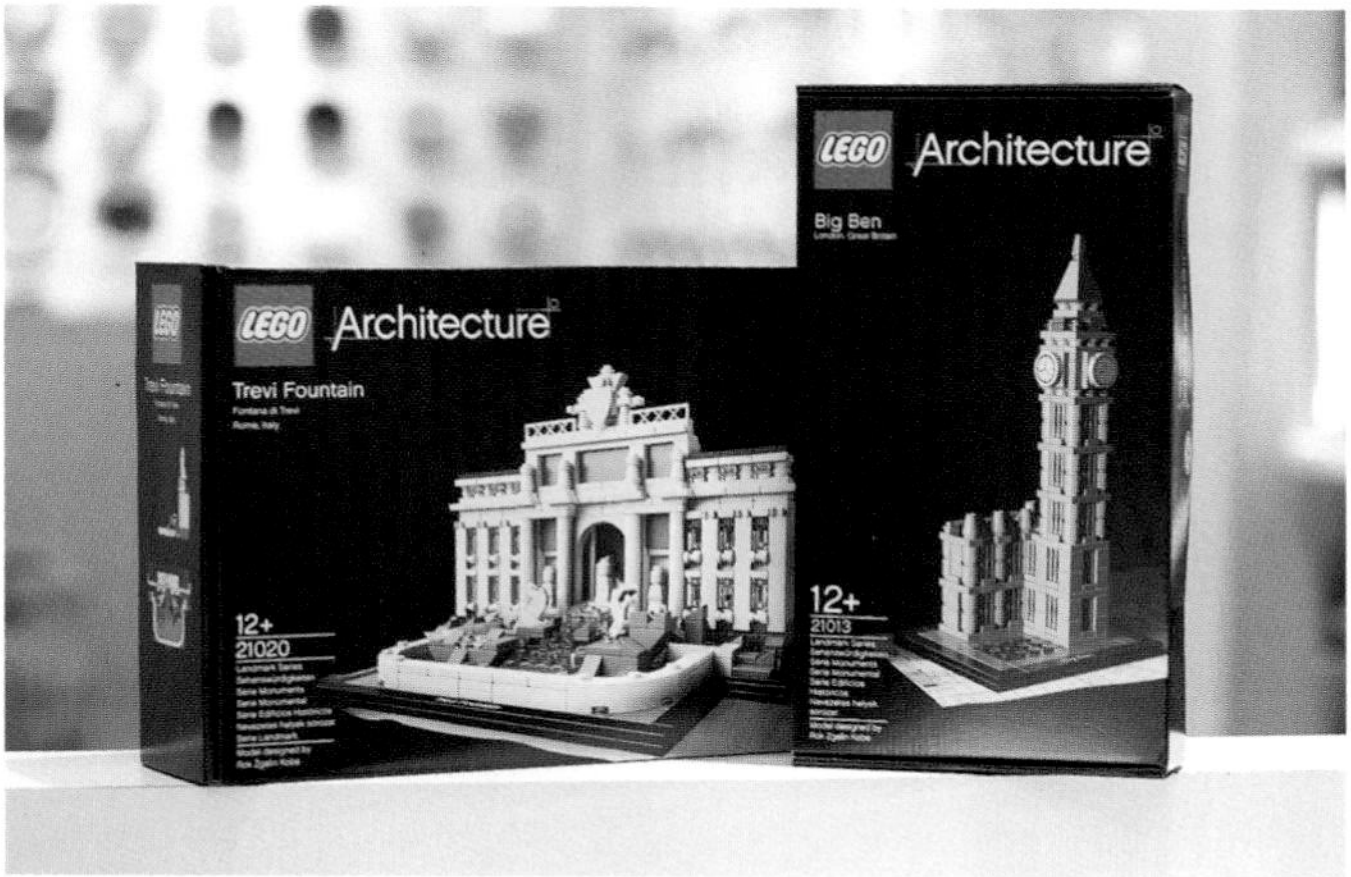

㉒2008年から発売が始まった「レゴアーキテクチャー」シリーズは、レゴファンのユニークなアイデアが起点となって生まれた

㉓2017年に登場した「レゴブースト」は、タブレットのアプリでプログラミングをしながらブロックを動かせる

㉔1998年に米マサチューセッツ工科大学（MIT）メディアラボとの共同研究から生まれた「レゴマインドストーム」シリーズ。プログラミング言語でレゴを操作できる同製品は、今も高い人気を誇り、教育機関で教材としても活用されている

㉕2015年6月、レゴはブロックに使われるプラスチックの原料を、2030年までにすべて再生可能素材に置き換える計画を明らかにした。10億デンマーク・クローネ（約182億円）を投じる大型プロジェクトで、新素材の研究開発は現在も続いている

㉖2018年、その最初の成果として発表された、植物由来のプラスチックで作った植物のパーツ

㉗レゴ創業者、オーレ・キアク・クリスチャンセン。ビルンで小さな家具工房を営んでいたが、1929年の世界恐慌を機に始めた子供向け玩具の製造がすべての始まりだった

㉘創業2代目のゴッドフレッド・キアク・クリスチャンセン。何でも作れるレゴブロックの「遊びのシステム」というコンセプトを生み出した

㉙創業3代目のケル・キアク・クリスチャンセン。レゴの中興の祖として、世界にレゴブロックの魅力を広げた

㉚創業4代目のトーマス・キアク・クリスチャンセン。3代目からバトンを譲り受け、徐々にレゴの顔として活動を広げている

㉛2004年にレゴのCEO(最高経営責任者)に就任したヨアン・ヴィー・クヌッドストープ。レゴの経営危機を救った立役者として知られる

㉜2017年にレゴグループCEOに就任したニールス・クリスチャンセン。「ひらめきを与え、未来のビルダーを育む」というミッションの下、パーパス(存在意義)主導型の経営を推進する

レゴ

競争にも模倣にも負けない世界一ブランドの育て方

レゴ　目次

第3章 「レゴスター・ウォーズ」の功罪 ――脱ブロックで失った競争力 77

第4章

革新は制約から生まれる

——崖っぷちからの再建

第5章 ヒットのタネはファンが知っている

——日本人起業家と創った「レゴアイデア」 155

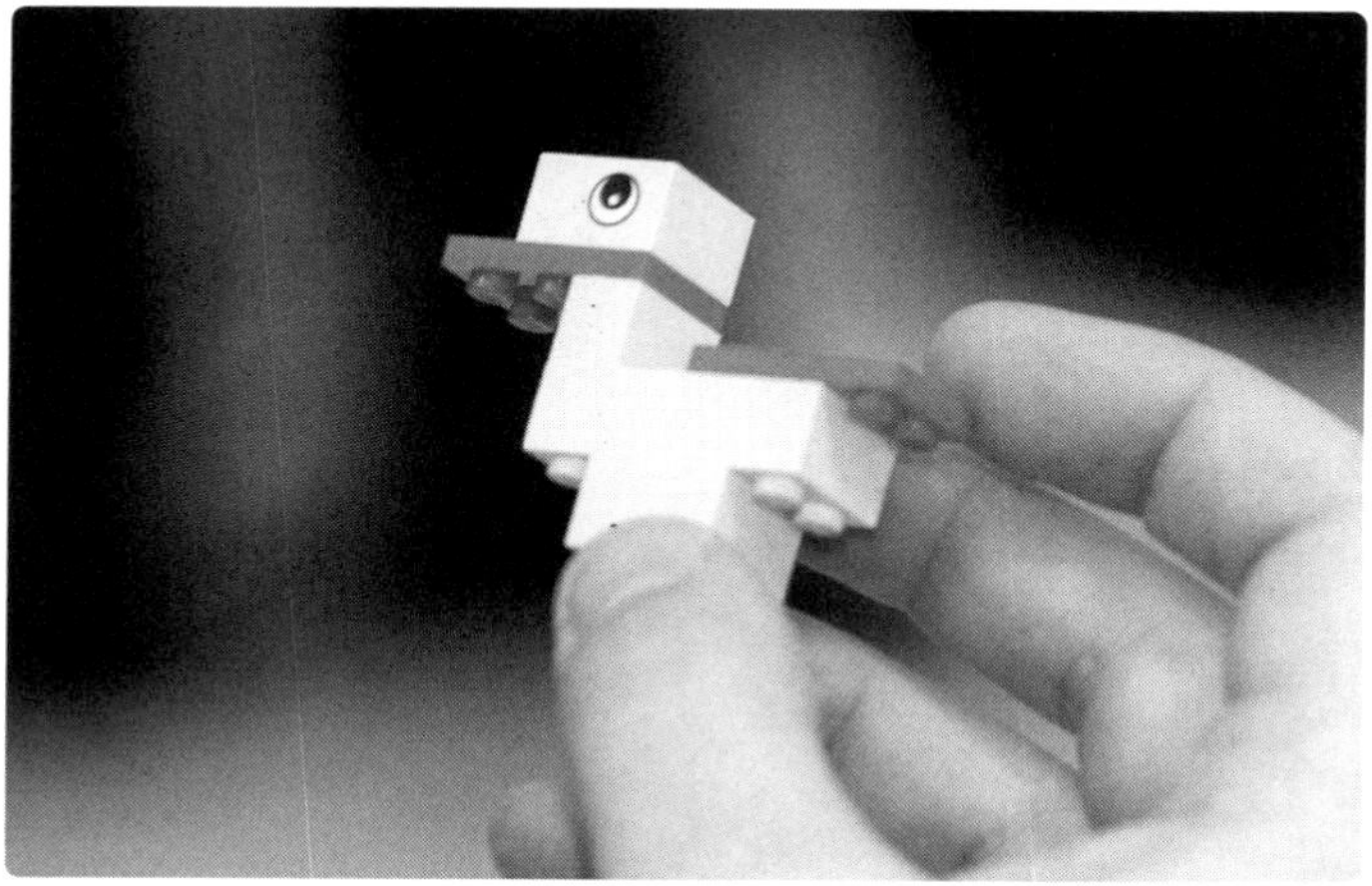

序章

レゴブロック
その知られざる影響力

写真：6つのブロックで作ったアヒルはレゴのさまざまな魅力を象徴する

本書は、世界有数のブランド「LEGO（レゴ）」の強さを解き明かす、生きたケーススタディである。同社の波乱に満ちた経営の軌跡を追いながら、競争力の原点であるレゴの普遍的な価値を発見していくプロセスを、できるだけ具体的に描いた。

その過程はドラマチックだが本質的で、日々競争にさらされながら、自分たちの強さを見出そうとしている、多くの企業経営者やビジネスパーソンのヒントになると考えた。

この本を手に取ったあなたなら、レゴについて詳細な説明は不要かもしれない。今も世代を超えて愛される、色とりどりのプラスチックのブロック。実はこの小さな玩具は子供たちだけでなく、さまざまな形で世界の名だたる企業や、そこで働く大人たちに影響を与えている。

グーグルやトヨタにも影響

例えば、世界屈指のイノベーション企業として知られるグーグル。

あまり知られていないが、「Google」のロゴに使われている4色のうち、赤、青、黄の三原色は、レゴの基本ブロックから着想を得ている。

「レゴは創造力を解放する、すばらしいツールだ」

グーグルの創業者であるセルゲイ・ブリンとラリー・ペイジは、自他ともに認める筋金入りのレゴファンだ。同社を起業したスタンフォード大学の学生時代から、レゴをいじりながら、新しいサービスや事業の構想を練ってきた。

画期的なサービスを次々と生み出し、シリコンバレーの小さなスタートアップから世界企業へ躍進、２０１５年には持ち株会社アルファベットを頂点とするグループ経営体制に移行した。自動運転や生命科学なども手がける巨大コングロマリットとなった今でも、社員が常に創造の精神を忘れないよう、世界各地のオフィスにレゴを用意し、レゴを使った社員向けワークショップなどを開いている。

「レゴが存在しなければ、グーグルは誕生しなかった」と表現すると大げさかもしれないが、それでも同社の卓抜したサービスのいくつかは、レゴなしには世の中に登場しなかったのかもしれない。グーグルは２０１４年、念願のレゴとの提携も果たしている。

２０２０年に、世界販売台数で5年ぶりに世界一に返り咲いたトヨタ自動車。復権の原動力となったのは、レゴのようにパーツごとにクルマを組み立てるモジュール開発と呼ぶ手法の導入だった。

自動車業界では、開発したシャシー、エンジン、トランスミッションなどの共通部品をブロックのように組み合わせて、異なる車種を効率的に生産する方式が定着している。

従来、日本メーカーが得意としてきた、職人技のすりあわせ技術のアンチテーゼとも言われるこの方式は「レゴモデル」と呼ばれ、２０１０年代前半に、ライバルの独フォルクスワーゲン（ＶＷ）グループがいち早く導入した。

レゴモデルを武器にトヨタを猛追したＶＷは一時、世界販売台数のトップに立ったが、トヨタも２０１５年からモジュール生産を本格導入し、王者の座を奪還した。

競争の舞台は、ガソリン車から電気自動車（ＥＶ）に移りつつあるが、ここでもバッテリーやモーターをブロックのように組み合わせる開発手法が主流になりつつある。

日本の小学校でも必修科目となったプログラミング教育。ここでも、レゴは少なからぬ存在感を示している。子供向けプログラミングで圧倒的な支持を受ける言語「Scratch（スクラッチ）」の誕生には、レゴが深く関わっている。

「スクラッチの基本コンセプトは、ブロックを組み立てるようにプログラムをつくるというもの。レゴから大きなインスピレーションを受けた」

同言語を無償公開する米マサチューセッツ工科大学（ＭＩＴ）メディアラボの教授

であり、スクラッチの生みの親として知られるミッチェル・レズニックは言う。現在もレゴと共同で、次世代教育についてさまざまな研究を続けている。

２０００年代以降は社会人の人材開発の場でも、レゴが創造力を解放するツールとして注目を集めている。

インターネットやＡＩ（人工知能）の例を見るまでもなく、目まぐるしい技術の進化によって、身につけたスキルはすぐに陳腐化する時代になった。予測不能な未来の変化に対応するには、過去に蓄積された知識を効率的に詰め込むのではなく、必要な知識は何かと自律的に考え、習得していく発想の転換が求められている。想定外の問題に直面した際に、自ら解決策を見出す創造的な思考力のニーズが高まっているのだ。

レゴには、この創造的思考を鍛える手法がいくつも存在する。

自身の経験をレゴで表現する教材、自分の考えをレゴで表現してチームのコミュニケーションを円滑にするワークショップ、レゴで企業戦略を策定するプログラム……。さまざまな取り組みが、世界各地で活発に展開されている。

最先端のインターネット企業の創造性を刺激する一方、最新のモノ作りの現場からプログラミング教育、そして組織活性化の教材まで――。

レゴはさまざまなシーンで、イノベーションを誘発する道具として浸透している。

アイデアを形にする以上の価値

ブロックという極めて単純な玩具がなぜ、私たちの社会に多様な形で影響を与えているのか。

理由の一つは、ブロックを組み立てるというレゴの遊びの本質が、頭の中に漠然と存在するアイデアを具現化するのに、最適な手段だからだ。

２００４年から２０１６年末まで、事業会社レゴのＣＥＯ（最高経営責任者）を務め、現在はレゴ・ブランド・グループのエグゼクティブ・チェアマン（会長）であるヨアン・ヴィー・クヌッドストープ。彼には、レゴブロックの持つ可能性を実感してもらう際に披露する〝鉄板〟のプレゼンテーションがある。

用意するのは、黄色４種類、赤２種類のレゴブロック。たったそれだけだ。

プレゼン冒頭、クヌッドストープは聴衆一人ひとりにこのレゴブロックの入った袋を手渡すと、こう切り出す。

6つの異なる形のブロックで作られたアヒル。形は違うが、どれも立派なアヒルだ

「袋には、形の異なる6つのブロックが入っています。これをすべて使って、アヒルを作ってください。いいですか、あなただけのオリジナルのアヒルですよ。制限時間は60秒。用意、はじめ！」

組み立てるのに一切の制約はない。いきなりブロックによるアヒル作りを命じられた聴衆は一同あっけにとられ、クヌッドストープの指示を聞いて、騒然となる。

しかし、「はじめ！」の号令とともに会場は静まり返り、黙々と6個のブロックをいじり始める。

その様子は、実に興味深い。

目を輝かせて、あっという間にアヒルを完成させてしまう人。首をかしげ、何度も作っては壊す人。ブロックをじっと見つめて考え込んでしまう人……。

参加者は、少しばかりの間、時を忘れて子供のように組み立てに没頭する。

そして、あっという間に60秒が過ぎる。


「はい、終了！」


掛け声と同時に、場内にはどよめきが広がる。あちこちで、参加者が組み立てたアヒルを互いに見せ合いながら、自然と会話が始まっていく。会場はちょっとしたアヒルの品評会となり、にわかに活気づく。

クヌッドストープは満足そうな顔を浮かべながら全体を見渡し、頃合いを見計らって口を開く。

「みなさんの作ったアヒルはおそらく、どれ一つ同じ形をしたものはないでしょう。他の人のアヒルは、もしかしたら、あなたにとってはアヒルに見えないかもしれません。でも、どれも立派なアヒルです。それだけ、人は多様で豊富なアイデアを持っているのです」

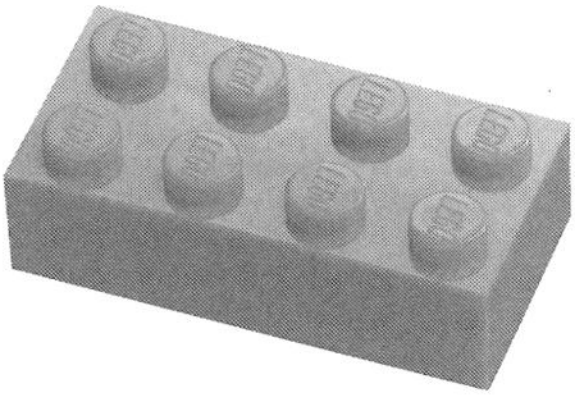

レゴの2×4ポッチのブロック。6個の組み合わせで約9億通りの形を作れる

正解は一つではない

学校、企業、社会、そして人生……。

我々が生きる世界ではしばしば、「たった一つの答え」を探し当てることを求められる。

これまでの学校教育では、問いには必ず正解があるという前提に立ち、誰よりも早く、間違えずに答えられた者が高く評価されてきた。

しかし、現実の世界では、横たわる問題に唯一の正解があることの方が稀だ。そもそも何が問題なのかさえ分からないことも多い。

課題に気づき、問いを立て、試行錯誤を重ねながら、自らの頭で答えを導き出すこと。この行為に、本来の人間の価値がある。

アヒルの例が示すように、問いも答えも、実は人の数だけ存在する。その違い、つまりは互いに異なる多様性の中にこそ、新しい発見が埋もれている。

「レゴはすばらしい玩具ですが、それ以上に人間の多様なアイデアや考え方を導き出し、発掘するツールでもあるのです」

そう言って、クヌッドストープは胸を張る。

21ページ写真の2×4ポッチのレゴブロックをご覧いただきたい。

理論的には、このブロック2個の組み合わせは24通り、3個になると1060通り、6個だと約9億通りの形を作ることができる。だから、参加者の中でまったく同じアヒルが生まれることは、まずない。

無限に近いレゴブロックの組み合わせ。何でも作れるという自由度の高さから、多くの人がさまざまなアイデアを生み出してきた。

90年近い歴史を誇る非上場企業

もっとも、こうした説明はブロックの魅力を解説しているにすぎない。

ではなぜ、レゴの開発するブロックは、世界の消費者にこれほど受け入れられているのか。それは、レゴという会社そのものが、ヒット商品を生み続け、絶えず革新を遂げてきたからだ。

レゴは、１９１６年に北欧・デンマーク西部の町、ビルンで誕生した非上場会社である。大工だった創業者のオーレ・キアク・クリスチャンセンが１９３２年に木製玩具の製造・販売を開始。これが実質的な玩具メーカーとしての創業で、現在も一族が75%の株式を保有する。ブロックの製造・開発を事業の柱に据え、89年の歴史を重ねてきた。

現在は、創業家の資産運用会社「Kirkbi（カークビー）」の下で、レゴ玩具事業を統括するレゴ・グループ、ベンチャーキャピタルのレゴ・ベンチャーズ、大学などとレゴの教育研究を進めるレゴファウンデーション（レゴ財団）、レゴランドなどのテーマパーク事業を運営する英マーリン・エンターテイメンツなどを抱える企業群を形成する。社員はレゴ・グループだけで2万人を超えている。

実は、レゴブロックの基本特許は、１９８０年代から各国で期限が切れている。

このため現在では、レゴとまったく同じブロックを、誰でも製造・販売することができる。実際に、１９９０年代以降は、レゴよりも廉価で互換性のあるブロックが競合する玩具メーカーから相次いで発売された。

一般論で言えば、同じ機能を持つ製品で、多くの競合他社が参入すると、その製品はコモディティ（汎用品）となり、価値が低廉していく。特許切れによって参入障壁が下がり、誰でもレゴブロックと同じものを製造できるようになれば、最終的には価格でしか違いを打ち出せなくなる。

そうなるとビジネスの現場では、大抵は値下げによる消耗戦に陥り、最後は淘汰あるいは衰退の道をたどる。半導体、家電、スマートフォン……。過去に多くの製品がこのパターンを踏襲した。

売上規模は10年で約3倍に

しかし、レゴの場合はこの隘路《あいろ》にはまらなかった。

2020年12月期の決算は、売上高が436億5600万デンマーク・クローネ（約7596億円＝1デンマーク・クローネ17・4円換算、以降為替はその年の12月のレートで計算）、営業利益が129億1200万デンマーク・クローネ（約2247億円）。売上規模は、この10年間で約3倍に増え、「バービー人形」で有名な米マテルや、「モノポリー」で知られる米ハズブロを抜き、売上高では玩具メーカー世界一の座に君臨している。

事業をブロックの開発・製造に絞り込んだ結果、メーカーとしては突出した効率経営を誇っているのも特異な点だ。

売上高営業利益率は２０２０年12月期で29・６％。ＲＯＥ（自己資本利益率）は同43・４％。この水準はライバルの玩具メーカーをはるかに上回り、２０２０年以降はコロナ禍を追い風に伸びがさらに加速している。業種や規模こそ違えど、ＧＡＦＡ（グーグル、アップル、フェイスブック、アマゾン）といった巨大インターネット企業に匹敵する。

事業の成長に伴ってブランド力も高まり、米調査会社のブランド信頼ランキングでは、２０２０年、２０２１年と2年連続トップに立った。

日本では知育玩具の印象が強いレゴだが、彼らの世界観はこの20年で大きく変わっている。

「レゴスター・ウォーズ」をはじめとして、「レゴフレンズ」「レゴシティ」「レゴニンジャゴー」といった人気シリーズを擁し、新製品の出荷数は年間平均で３５０を超える。２０２０年には任天堂とコラボレーションした「レゴスーパーマリオ」を発売し、世界的なヒットを記録した。

レゴとプログラミングを組み合わせた「レゴマインドストーム」や「レゴブースト」、ブロックを組み合わせてミュージック・ビデオを作る「レゴビデオ」など、アナログとデジタルを掛け合わせた新しい遊びの開拓にも意欲的だ。

世代を超えて愛されるレゴには、大人のファンも多い。有名建築をレゴで組み立てる「レゴアーキテクチャー」や画家のアンディ・ウォーホルらのアート作品を作れる「レゴアート」など、幅広い年代に向けた製品開発が進む。

さらには、ファンから新作のアイデアを募り、人気投票によって商品化するプラットフォーム「レゴアイデア」を運営。ユーザーの知恵を巧みに取り込む仕組みを構築している。

近年では、オンラインコミュニティづくりにも積極的に乗り出し、2017年に開始した、レゴファン同士が交流できる子供向けSNS「レゴライフ」は、スマートフォンのアプリのダウンロード数が590万に到達した。2019年には世界に100万人以上の大人のレゴファンを抱えるコミュニティサイト「ブリックリンク」を買収している。

世界的なブランド力をテコに絶えずヒットを生み出し、独自のユニークなアプローチでビジネスを広げるレゴ。その強さの真髄は、ぜひ本編を読み進めていただきたい。ここではその詳細には触れず、筆者がなぜレゴという企業に興味を持ったのかについて、少しばかり記しておきたい。

あなたが辞めたら、会社は何を失うか

あなたのバリュー（価値）とは何か。

もし、この問いが漠然としているなら、「あなたが会社を去ったら、会社は何を失うか」と言い換えてもいい。

ＡＩやロボットなどの社会実装が進み、従来、人が担っていた業務の置き換えがじわじわと広がっている。ＡＩ時代にも失われない人間の根源的な価値とは何かという問いが、好むと好まざるとにかかわらず、すべての人に突きつけられている。

それは、20年以上編集記者として働く筆者にとっても、決して他人事ではない。

欧米の主要メディアはデジタル化に舵を切り、情報技術を駆使したコンテンツ作りを本格化させて久しい。ＡＩ技術は編集の現場にも着実に入り込み、ＡＩを利用して記事を書く取り組みも大手メディアを中心に始まっている。

これまでならば記者が数時間かけて執筆していたような記事も、ＡＩを活用すればものの数分で書き上げられる。その進化のスピードはすさまじく、人間が執筆した記事と見分けがつかなくなるのは時間の問題だろう。

現在、筆者はソーシャルメディアの会社でコンテンツを制作しているが、ＡＩの存

在感は高まるばかりだ。

編集者や記者が担っていた役割は、何も価値を発揮できなければ、着実にＡＩに取って代わられるだろう。技術の進化は、既に筆者の想像を超えている。

人間が汎用品になる

英オックスフォード大学の教授、マイケル・オズボーンと研究者のカール・ベネディクト・フレイが２０１３年に発表した論文「THE FUTURE OF EMPLOYMENT（雇用の未来）」は日本でも大きな反響を呼んだ。

「調査対象とした７０２の米国の職業の半数近くが、将来はコンピュータの自動化プログラムに置き換わる可能性がある」との予測は、具体的な自動化の〝代替確率〟が示されていたこともあって、世界に衝撃を与えた。

その上位に含まれるのは、トラックの運転や工場での部品組み立てといった単純労働だけでない。金融アドバイザーや特許専門の弁護士、医療スタッフといった、高度な判断を必要とする仕事も含んでいる。

論文に対してさまざまな反対意見も出たが、これをきっかけに、ＡＩが我々の働き方をどう変えるかという議論への関心が世界的に高まったのは疑いようのない事実だ。

現時点ではこの論文通りになるのかは誰にも予測はできない。

だが、オズボーンとフレイが指摘した「仕事の技能とは関係なく、人類が働き方の価値を見直す時代の節目に来ている」という言葉は、揺るがない真実だろう。

ＡＩがプレスリリースを読み込み、解説記事を書くようになる時代。

医師の代わりにＡＩが患者の症状を判断する時代。

社長に代わってロボットが経営の意思決定をする時代。

そんな世界が、一部ではもう訪れている。人間だけが持つとされてきた価値のコモディティ化が始まっているのだ。

この流れが進んだ未来で、私たちは一体、どんな価値を発揮すればいいのだろうか。

自分の価値を問い直す

実は、このテーマを考える上で、レゴはとても興味深い題材になる。

レゴという会社そのものが、中核製品であるブロックのコモディティ化の波にのまれ、それを機に自分たちの価値を見直し、経営を改革して復活したからだ。

同社が持つ唯一最大の価値はブロックである。

創業以来、レゴは壊れにくく、丈夫なブロックを製造することを競争力の源泉としてきた。

ところが1980年代後半、そのブロックの特許が切れ、誰でもレゴと同じブロックを製造できるようになった。結果、レゴよりも廉価に同じようなブロックを販売するメーカーが何社も登場し、価格競争の波にさらされた。

同時期には家庭用テレビゲーム機という新たなライバルも登場し、子供たちの興味を奪っていった。

当初、レゴはこの環境の変化に適応できず、経営が迷走した。レゴ社員の多くがかつての栄光を忘れられなかったようだ。打ち手は遅れ、対策はことごとく失敗した。

市場で圧倒的な強さを誇ってきたあまり、新技術の登場に対応できずにシェアを失う――。

米ハーバード大学ビジネススクール元教授、クレイトン・クリステンセンが唱えた「イノベーションのジレンマ」そのままの過ちを、レゴは犯した。

そして2004年、記録的な赤字を記録し、身売りを迫られるまでに経営が追い詰められた。

しかし、そこからレゴははい上がり、見事に復活を果たした。

土壇場でレゴは自らの本質的な価値を問い直し、「ブロックを組み立てる」という経験を届けることに事業を集中した。戦略を練り直し、自分たちの価値を最も効果的に消費者に提供する組織へ変わっていった。

危機のどん底から世界一へと返り咲いたレゴの復活劇。

本書は、筆者がデンマークのレゴ本社を含む世界各地の現場を訪れ、経営トップから現場社員、元社員など、多くのレゴ関係者に取材を重ねて書き上げたレゴの「脱コモディティ経営」の記録である。

継続的にイノベーションを生み出す方法論や、ファンのアイデアを製品開発に取り込む「ユーザーイノベーション」のプラットフォーム戦術、優秀な人材をひきつける「Purpose（パーパス＝存在意義）」志向の経営。特にレゴがこの20年ほどの間で培ってきた経営の基本的な考え方やビジネスのアプローチは、脱コモディティ経営の手本として、組織のリーダーや新規事業の任い手にきっと示唆と刺激を与えるはずだ。

2度目の危機を越えて

2000年代前半の経営危機を乗り越えて復活したレゴは危機対応力が格段に上

がった。

13年以上にわたって増収増益記録を更新した後、2017年12月期決算では一転して減収減益に沈んだが、素早く対策を打ち、再び勢いを取り戻している。

2017年10月にCEOに就任したニールス・クリスチャンセンは、急成長によって生じたレゴのひずみを素早く手当てし、経営の立て直しに成功した。新型コロナウイルスのパンデミックによる経営環境の変化にも機敏に反応し、結果的に2020年12月期は過去最高益を更新した。

クリスチャンセンの下で、再び成長軌道へと戻ったレゴ。

もちろん、今後も順風満帆である保証はない。新型コロナの終息はまだ見通せないし、玩具業界を揺さぶるような新技術は次々に登場するだろう。スマートフォンを例に出すまでもなく、遊びのデジタル化はさらに進んでいく。

一度はイノベーションのジレンマを克服したレゴであっても、対応に柔軟性を欠けば、再び危機に陥るリスクは常にある。

それでも一つ明らかなことは、レゴには「自分たちは何者か」を問う企業文化がしっかりと根づいているということだ。

「我々は何を成し遂げたいのか」「どんな価値を社会に提供できるのか」「レゴがなくなったら、社会は何を失うのだろうか」。

レゴが常に投げ掛け続けているこの問いは、「自分がいなくなったら、会社は何を失うのか」と読み替えることで、これからの時代を生き抜く私たちすべてに向けた問いにもなる。

レゴと日本の不思議なつながり

本編に入る前に、レゴと日本の不思議な縁について記しておきたい。

経営危機に陥ったレゴの復活には、ある日本の起業家が重要な局面で関わっている。先に触れたファンのアイデアを製品化するプラットフォーム「レゴアイデア」は、この日本人とレゴが共同で育んだ成果だ。

世界で大ヒットしている「レゴニンジャゴー」のほか、レゴがシリーズ化した製品のエッセンスには、日本の玩具メーカーから着想を得たものが少なくない。

2020年の好業績を牽引した「レゴスーパーマリオ」は、もともとはレゴを存亡の危機に追い詰めたテレビゲームの王者、任天堂とのコラボレーションから生まれた。

レゴ復活と成長の陰に日本の影響があったという事実は、日本人としても興味深い。

本書には、レゴの歴代CEOのほか、ユーザーイノベーションの権威であるMIT

スローン経営大学院教授のエリック・フォンヒッペル、プログラミング言語スクラッチを開発したMITメディアラボ教授のミッチェル・レズニック、そしてレゴで企業の戦略策定などを実現する「レゴシリアスプレイ」の生みの親であるロバート・ラスムセンのインタビューも収録した。

日本での知名度は高くはないが、いずれも世界的に有名な人物として知られている。その意味では、MITも日本同様、レゴとの関わりが深い組織であり、レゴの経営に少なからぬ影響を与えた存在だ。

巻末には、日本でほとんど知られることのない、レゴの工場の現場記録も収録した。


子供向けの玩具メーカーとしてスタートしたレゴ。彼らは成長の過程で、遊びの楽しさを何世代にも広げ、ターゲットを大人にも拡大した。遊びだけではなく、学びの価値も見出し、教育や企業経営、イノベーション創出などにも用途を広げていった。

競争にも模倣にも負けない、レゴの世界一ブランドの育て方――。

同社の興味深い経営の軌跡を通して、読者のみなさんが、「あなた自身の価値とは何か」を知るための一助となれば幸いである。ことわりがない限り、肩書は取材時のものであり、インタビュー以外の敬称は略とした。

第１章

GAFAをしのぐ効率経営

価値を生み続ける4つの条件

写真：2021年、創業の地であるデンマーク西部のビルンに完成した新本社

北欧、デンマーク西部に位置する人口約６０００人の小都市ビルン。日本の村ほどの規模しかないこの町に、世界中の人々を魅了するブロック玩具の総本山があることは、欧州の人にもほとんど知られていない。

２０２1年3月10日朝。小さな町の中心部に立つ、完成したばかりの真新しいオフィスビルで、ある長身の男が出番を待っていた。

ニールス・クリスチャンセン。世界最大の玩具メーカー、レゴのＣＥＯである。栗色の髪にトレードマークの茶縁の眼鏡。白シャツに濃紺のジャケットをはおり、リラックスした表情でカメラを見つめている。間もなく、クリスチャンセンは２０２０年12月期の決算結果を、オンラインで発表することになっている。

社員の研修部屋を改装した特設スタジオでは、本番を前にスタッフが慌ただしく走り回っている。業績を記したプレスリリースは1時間半前に公開されており、通信社が早速、速報記事を配信していた。

「レゴ、創業以来の最高益を更新」

午前10時30分。そんな見出しを横目に見ながら、クリスチャンセンはプレゼンテーションを開始した。

コロナ禍でも最高益

「みなさん、ようこそ！」

立ち姿で登場したクリスチャンセンは挨拶を済ませるとまず、世界で働く約２万人の社員をねぎらった。

「新型コロナウイルスは我々の仕事と生活を一変させました。前例のない試練が続くなか、献身的に働き続けた世界中の社員に、心から感謝したいと思います」

丁寧に謝意を伝えると、続いて、世界の子供たちにも礼を述べた。

「コロナ禍で、自宅にいることを余儀なくされた多くの子供たちが、遊び相手にレゴを選んでくれました」

決算発表の場で、トップが真顔で子供たちに感謝する光景は、玩具メーカーならではだろう。

それほどコロナ禍のレゴ人気はすさまじく、業績を押し上げる大きな要因になった。その勢いを象徴するように、２０２１年にレゴは米調査会社レップトラックによるブランド信頼ランキングで「ロレックス」や「フェラーリ」を抑えて２年連続で首位に立った。

「レゴブランドの認知度と信頼は、かつてないほど高まっています」

成果を紹介しながら、クリスチャンセンはこう言って胸を張った。

自信に満ちた話しぶりは、世界一の玩具メーカーを率いる指導者としての風格を感じさせる。そこには、緊張しきった表情で、報道陣の質問にたどたどしく答えていた3年前の面影はない。

それもそうだろう。クリスチャンセンはCEOに就任してからこの3年で、堂々とスピーチができるほどの結果を残したのだから。

圧倒的な経営効率に磨き

彼の自信は第一に、業績に表れている。

「すべての数字に満足しています」

右肩上がりの棒グラフが画面に映し出されると、クリスチャンセンはこう言って笑顔を見せた。

レゴの2020年12月期の連結売上高は、前期比13・3％増の436億5600万デンマーク・クローネ（約7596億円）、営業利益は同19・2％増の129億

1200万デンマーク・クローネ（約2246億円）。

2ケタ増益は実に4年ぶりで、売上高、営業利益ともに過去最高を記録。レゴにとっては初めて、主要12市場すべてで売上高が前期を上回った。

その成長力は、玩具業界では突出している。

レゴの売上高のうち、消費者向けに限ってみると、その伸びは前期比21％増と、2020年の玩具業界平均である10％を11ポイント上回った。長年のライバルである「バービー人形」の米マテルや、「モノポリー」の米ハズブロがコロナ禍で苦戦するなか、レゴはむしろそれを追い風に成長を果たした。売上高では競合する米国2社を上回り、玩具世界一の座に君臨する。

売上規模だけではない。

事業をブロックの開発・製造に絞り込むビジネスモデルによって実現する圧倒的な経営効率にも磨きがかかっている。

一般的な玩具メーカーが、毎シーズン、新たな玩具生産のために設備を更新するのに対し、レゴはブロック生産の設備をほとんど変更する必要がない。つまり、製品に必要なブロックの組み合わせを変え、新たなパッケージで発送すれば、新商品を継続して投入できるのだ。

レゴの業績推移

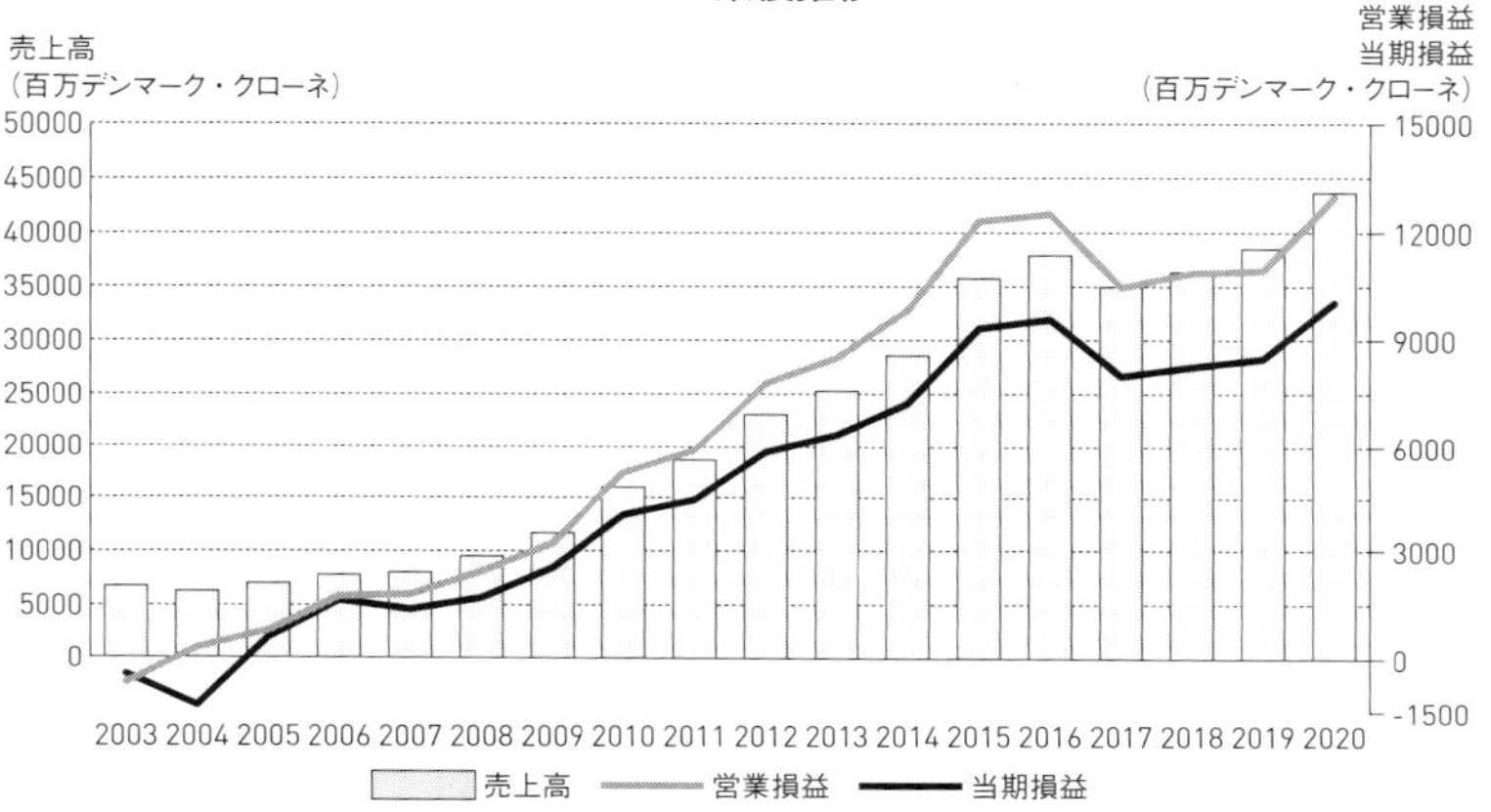

出所：レゴの年次報告書を基に著者が作成

効率的な事業モデルの結果、２０２０年12月期の営業利益率は29・６％、ＲＯＥ（自己資本利益率）は43・４％。いずれも前期に比べて、約１ポイントと約６ポイント上昇した。

業種が異なるため単純には比較できないが、例えばＲＯＥに関しては、米アルファベット（グーグルの親会社）の19％、米フェイスブックの25・４％、米アマゾンの27・４％（いずれも２０２０年12月期）を上回る。数字上は、ＧＡＦＡと呼ばれる世界的な巨大インターネット企業にも匹敵する水準だ。

２つ目の自信は、事業の中核であるレゴ製品にヒットが生まれていることだ。

最新事例は、２０２０年に任天堂とのコラボレーションで誕生した「レゴスー

2020年に発売し、瞬く間に人気シリーズとなった「レゴスーパーマリオ」

パーマリオ」である。

世界的に有名なスーパーマリオの世界をレゴで再現し、独自の付加価値を組み込んだことが人気につながっている。

それは、子供たちが自分の手でオリジナルのマリオの世界を作る自由度を与えたことにある。

マニュアル通りにブロックを組み立ててコースを再現できるだけでなく、子供たちが創造性を発揮して、自分だけのコースを作れるのだ。

細部にわたる工夫で臨場感を高めた結果、発売前から話題を集め、瞬く間に人気シリーズの仲間入りを果たした。

2021年3月に発売した「レゴビデオ」は、レゴブロックとスマートフォンなどのデジタル端末を組み合わせて、

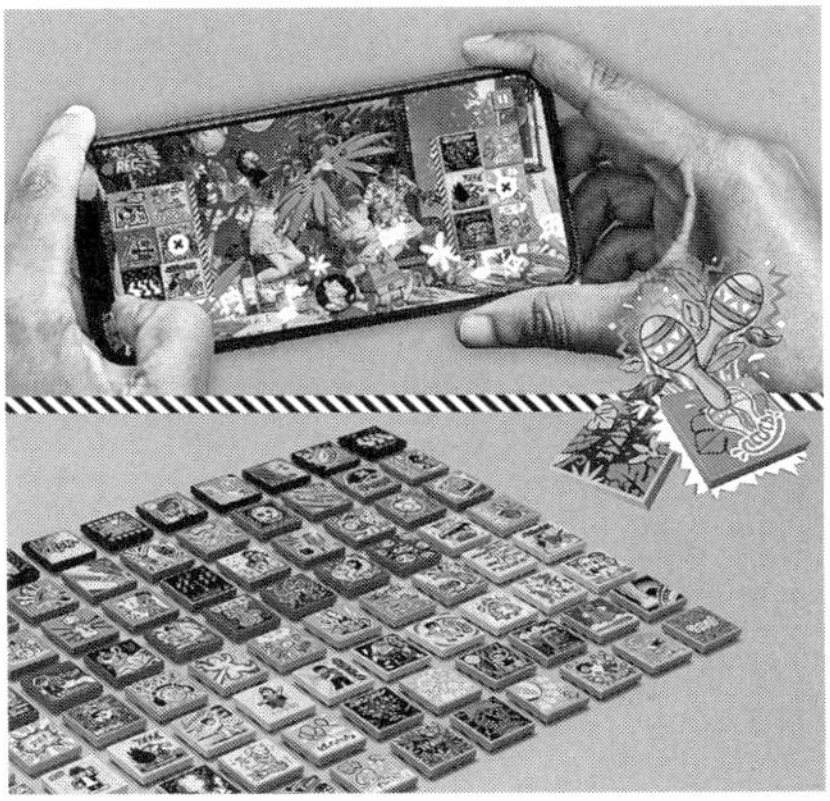

2021年3月に発売した「レゴビデオ」。ブロックを使ってオリジナルのミュージック・ビデオを制作できる

ミュージック・ビデオを制作するというユニークなコンセプトが注目を集めた。

音楽会社ユニバーサルミュージックグループとのコラボレーションから誕生したシリーズで、ユニバーサルミュージックが用意する楽曲から任意の曲を選び、さまざまな音のブロックを並べて専用のスマホアプリで撮影すると、オリジナルのビデオを作れる。

完成したビデオは専用のオンラインコミュニティに投稿できるなど、レゴの遊びの原点である組み立てるという行為に新しい意味を持たせる製品として、人気を博している。

「かつて、テレビゲームやデジタル製品はレゴのライバルと言われたこともありました。しかし、それは過去の話です。

今の子供たちは、現実とデジタルの境界を意識せずに遊びます。そんな時代のレゴの遊び方はどんなものか。マリオやレゴビデオは、その先駆的なケースを示しています」

クリスチャンセンはこう説明した。

ただし、業績や製品のヒット以上にクリスチャンセンが手応えを感じているのは、何よりもレゴのファンが世界中で増えているという事実にある。

レゴのファン同士がインターネットを通じてつながり、交流する。いわゆるファンによるコミュニティが近年、ますます活発化している。

その一例が、レゴが２０１７年から開始したソーシャル・ネットワーク・サービス（ＳＮＳ）「レゴライフ」だ。

レゴファンの子供たち専用のＳＮＳで、ユーザーは自分の作ったレゴ作品をオンライン上で披露できる。子供用というだけあって、利用するには親の許可が必要な上、投稿も一つひとつ管理者が確認し、コメントは絵文字だけに限定している。

徹底して安全に配慮した結果、親の信頼を獲得し、利用者が世界中に広がった。現在では日本を含む80カ国で９００万人以上の子供が「レゴライフ」に参加し、自分たちの自慢のレゴ作品を見せ合う場になっている。今では世界中から作品が投稿される有数の子供向けプラットフォームへと成長した。

子供ばかりではない。大人のレゴファンによるコミュニティも増えている。世代を超えて愛されるレゴには昔から、「AFOL（Adults Fan of LEGO）」と呼ぶ熱烈な大人のファンの交流する場が存在した。コロナ禍以降、ここの盛り上がりに拍車がかかっている。

在宅勤務になったことで時間の余裕ができたことから、久しぶりにレゴを手に取ったという大人が急増。それを反映するように、ファンのオリジナル作品を人気投票で商品化するサイト「レゴアイデア」の訪問者は、コロナ前に比べて5割も増えた。

この流れを捉え、レゴは２０１９年にレゴの大人向けファンコミュニティを運営する「ブリックリンク」を買収した。幅広い世代の場づくりに積極的に関わろうとしている。

コロナ禍という激変期にあって、自社の強さを失わずにヒットを積み上げ、ファンコミュニティを大きく拡大したレゴ。「今年の結果は、やや出来すぎ」と話したクリスチャンセンは、最後に気持ちを引き締めることも忘れなかった。

「好業績は確かに喜ばしいことですが、我々はそれを目的に事業をしているわけではありません。レゴの存在は常に子供たち、そしてその未来のためにあります」

危機からのV字回復

強いレゴが戻ってきた——。

この日、欧米の主要メディアは、レゴの好業績を大々的に報じた。

世界最大の玩具メーカーとはいえ、非上場企業としては異例の扱いで、レゴの決算結果を速報した。世界に無数あるレゴのファンサイトも、そうした記事を引用しながら、創業以来の過去最高益に沸き立った。

しかし、その結果に誰よりも胸をなで下ろしていたのは、クリスチャンセン本人だったに違いない。

(ようやく、本来のレゴの強さを発揮できる体制に戻すことができた)

4年前の2017年10月。クリスチャンセンがトップに就任した当時、レゴは混乱の渦中にあった。

その前年の2016年12月期まで破竹の勢いで成長を続けていたレゴは、この年の

2017年6月期中間決算で減収減益に転落。通年でも、減収減益に沈んだ。13年連続で増収増益を続け、それまでのレゴは世界有数の革新企業として注目を浴びていた。2000年代前半に経営破綻目前の状態から復活したドラマチックなストーリーともあいまって、メディアも頻繁に取り上げ、ビジネススクールの企業ケースとしても何度も紹介された。

ところが、減収減益の見通しを発表して成長に陰りが見え始めた2017年以降、レゴに対する評価は一転して厳しくなった。

称賛していたメディアは手のひらを返したように批判的な論調をぶつけるようになった。レゴのトップ人事を巡る混乱もあり、「成長神話は終わった」といった見出しが躍るようになっていった。

レゴは再び衰退するのか――。

クリスチャンセンがCEOに就いたのは、そんな混迷の時期だった。

就任早々、クリスチャンセンはレゴの課題の本質を的確に見抜き、素早く手を打っていった。その具体的な施策は第9章に譲るが、結果として、実質3年でレゴを成長軌道に戻すことに成功した。

コロナ禍の混乱を乗り切り、記録的な業績を叩き出したことで、レゴの評価は再び高まりつつある。現金なメディアはクリスチャンセンを「レゴの救世主」として讃えるが、当の本人は至って冷静だ。

「レゴは長い歴史の中で何度も危機にさらされ、そのたびに自社の価値を問い直してきた。内省ができる組織である限り、強さが簡単に色あせることはない」

ブロックの開発と製造しか手がけていないレゴが、価格競争や技術競争に負けることもなく、唯一無二のブランド力を保ち、世界一の玩具メーカーとして選ばれ続けている理由――。

そこには、レゴが長い時間をかけて培い、磨き上げてきた４つの強さがある。

強さ① 強みに集中する
大胆に絞り込んだビジネスモデル

レゴの強みの1つ目は、自社の競争力を明確に理解し、そこに資源を集中していることにある。レゴにおいてそれは、事業をブロックの開発と製造に絞り込んでいる点にほかならない。

レゴのブロックは1980年代以降、世界各地で特許が切れ、現在はどのメーカーでもレゴと同じブロックを製造できる。実際、本家のレゴブロックと互換性のある廉価なブロックを製造するメーカーが乱立し、レゴは一時、コモディティ化の波にのみ込まれた。

そんな状況を打開するため、事業を多角化して「脱ブロック」を猛烈に推し進めた時期もあったが、結果的にこの改革は失敗に終わる。

追い込まれたレゴは、自社の強みを再びブロックの開発と製造に絞り込み、そこに投資を集中する決断をした。その軸をぶらすことなく磨き続け、高効率の事業モデルを確立した。

現在は、映画やゲームなど、多様な事業を展開しているが、ブロックの開発と製造以外は、原則ライセンス契約によって提供している。

この極めてシンプルな事業モデルが、高い利益率の源泉につながっているのは、先に示した通りだ。自社の強みを把握すること、そして強みを生かす経営体制を構築したことが、レゴの強さの第一要因である。(詳細は第4章)

強さ② 継続的にヒットを生む

打率を高める製品開発の仕組み

自社の強みを理解し、事業を絞り込んだレゴだが、それだけでは廉価なブロックを製造するライバルに勝ち続けることはできない。他社を凌駕するようなヒット商品をコンスタントに開発する必要がある。

移ろいやすい子供たちの興味を的確に捉えた商品を生み続けるのは極めて難しい。故に玩具業界は、映画や音楽業界と同じように、商品の当たり外れが大きく、メーカーの業績が不安定になりやすい側面を持っている。

この環境で、いかに勝ち続けるのか。

結論から言えば、レゴは毎年、継続的にヒット商品を生み続ける仕組みを組織内に確立した。

製品開発をワンシーズン限りのプロジェクトで終わらせずに、連続的に新しいイノベーションを生む独自の制度を構築し、成果を上げている。その結果、レゴは現在も年間で350以上の新商品を投入し、年間の売上高の5割超をこれらの新作から上げ

ている。（詳細は第4章）

強さ③ 強固なコミュニティを生かす
ファンの知恵からヒットを開拓

3つ目の強さは、自社製品を愛しているファンの力を巧みに取り込んでいることだ。レゴは熱狂的なファンによるコミュニティの知恵を、製品開発にうまく取り入れることで、従来にない革新的な製品を生み出している。

メーカーの製品開発には、常にある種の矛盾が潜んでいる。収益を確保するには一定の規模を売り上げる必要があるため、過去のヒットの焼き直しなど、消費者のニーズを最大公約数的に拾うモノ作りに偏りがちだ。しかしターゲットを広げるほど、製品のエッジは立ちにくくなり、当たれば大化けする可能性のあるような実験的な製品は生まれにくい。

従来の路線を超えた新しい発想を開発に取り入れていかなければ、中長期的にメーカーとしての活力は停滞してしまう。

そこで、レゴは新製品開発にある仕組みを導入した。それが、世界中に点在するレゴファンのアイデアを取り入れて製品開発につなげる、「レゴアイデア」と呼ぶプラットフォームだ。ファンの作ったレゴ作品を募り、人気投票によって選別して製品化していく。いわゆるレゴ版クラウドファンディングだ。

ファンの声を取り入れた製品開発は一見、簡単そうに見えるが、実際に事業として成立させるには、さまざまな課題を解決する必要がある。レゴも本格展開までに6年以上の試行錯誤を経てサービスを完成させた。

「レゴアイデア」を構築する過程でレゴが再認識したのは、同社の強さが活発なコミュニティにあるということだった。

従ってレゴは現在も、ファンコミュニティの活性化に余念がない。「レゴ認定プロビルダー」「レゴアンバサダーネットワーク」など、ファンを承認・称賛する仕組みや制度を複数用意し、レゴのファンでいることを誇らしく思える仕掛けを幾重にも用意している。

序章でも触れた通り、「レゴアイデア」は日本の起業家とのコラボレーションから生まれた。（詳細は第5章）

強さ④ 明確な存在意義

企業の「軸」を社内外に伝え続ける

4つ目の強さは、レゴが「自分たちは何のために存在しているのか」という会社の存在意義を明確に発信している点だ。

レゴは、ミッション、ビジョン、バリュー、プロミス、スピリットといった複数の行動規範を「レゴブランドフレームワーク」と定義し、会社の進むべき方針として明確に打ち出している。

例えば、レゴが2010年代以降、一層力を入れているサステナビリティへの取り組みも、ミッションと掲げる「Inspire and develop the builders of tomorrow（未来のつくり手にインスピレーションを与え、育む）」に沿ったものだ。

未来のつくり手に永続的に価値を提供するには、経営そのものにサステナビリティの考えを組み込み、環境、職場の多様性、働きがい、社員のウェルビーイングなど、制度をあらゆる面から見直し続けていく必要がある。

再生可能エネルギーの利用促進や温暖化ガスの排出削減目標、さらには中核製品であるブロックの原材料見直しまで、レゴが打ち出す施策は、すべてブランドのフレームワークに従っている。

こうした会社の存在意義は、近年日本でも「パーパス」という言葉で広く知られるようになってきた。

企業が向かう方向を明確にすることで、それに賛同する社員により多く働いてもらう。究極的には、社員の働きがいやモチベーションを高めることにつながる。

「目指しているのは、社員がパーパスに共感し、オーナーシップを持って働ける職場。これからの時代、優秀な人材を採用するためには、パーパスを明確にした経営が大切になっていく」

こうクリスチャンセンは説明する。無論、そうした会社の存在意義を社内外に分かりやすく発信できる経営トップの手腕も問われることになる。（詳細は第8章）

価値を生み続けるための4条件

①自分の強みを理解すること

②継続的に成果をアウトプットする仕組みをつくること

③コミュニティを育み、つながりを強化すること

④存在意義を明確に発信すること

レゴがコモディティ化の危機を克服するために培ってきた4つの強さは、同じような環境に置かれた企業にも通じるという点で、極めて本質的だ。

さらにコモディティ化という点では現在、AIの台頭によって問われている人間の価値を考察する条件にもなり得る。その観点からも、レゴの存在はとても示唆的だ。レゴがどのように「人の価値」を高めるのに役立つのか、その詳細については第6章と第7章をご覧いただきたい。

無論、レゴもこれらの答えにすぐにたどり着いたわけではない。

過去を振り返れば、自らの強さにおごり、競争環境の変化に気づけず、深刻な経営危機に陥った時期もある。

次々と子供たちが離れていってもなお、子供たちのことは、自分たちが一番よく知っていると過信し、変われないまま危機に直面した。

ようやく異変に気づき、外部から経営再建のプロを招聘《しょうへい》したものの、一度は失敗している。その結果、2000年代前半には文字通り、破綻の瀬戸際まで追い込まれた。

レゴの強さは、こうした危機を克服する過程で磨かれてきた。

レゴがたどり着いた脱コモディティ経営。その本質は、価格競争にも技術競争にも負けることなく、唯一無二のブランドを構築していく道のりだったとも表現できる。

彼らはそこに、どうやってたどり着いたのか。

それを理解するにはまず、レゴが最初に直面した経営危機から物語を始める必要がある。

時計の針は、今から18年ほど昔に遡《さかのぼ》る——。

第2章

誰も、レゴで遊ばない

イノベーションのジレンマに沈む

写真：1990年代、子供たちから圧倒的な支持を受けてきたレゴに異変が起きた

2003年の暮れ。

デンマーク・ビルンにあるレゴ本社の一室で、ケル・キアク・クリスチャンセンは銀行の融資担当団に囲まれていた。

ケル・キアクは、レゴの創業者であるオーレ・キアク・クリスチャンセンの孫にあたり、1979年から2004年までの25年間、レゴのCEOを務めた人物である。レゴグループの顔とも言える存在で、70歳を超えた今も、精力的に事業活動に励んでいる。

そんなケル・キアクは2003年当時、55歳。レゴは、現在とは似ても似つかない最悪の経営状態に陥っていた。

「借入金の返済のメドは立つのか」

繰り返し融資担当者に問われ、ケル・キアクは追い詰められていた。

この年、レゴは赤字決算に沈むことがほぼ明らかだった。多額の負債を抱え、自己資本比率の大幅な低下が避けられない。

創業以来誇ってきた、誰よりも子供のことを理解しているという自信と輝きは、この時、完全に失われていた。

(なぜこうなってしまったのか……)

売れない商品と多額の借金を前に、ケル・キアクは自問自答するほかなかった──。

木工玩具から始まったレゴの歴史

レゴの歴史は、欧州経済の変還とともにあった。

１９３２年、同社は玩具メーカーとしての道を歩み始めた。ただし、創業の経緯は決して前向きなものではない。

ケル・キアクの祖父であり、レゴ生みの親であるオーレ・キアクは、有能な家具職人の息子として育った。

オーレ・キアクが家業を引き継ぎ、木工家具を作る工房を興したのは１９１６年のこと。以来、家具職人として生計を立てていたが、１９２９年に人生の大きな転機を迎える。世界恐慌の余波が一家を襲ったのだ。

米国発の金融危機は欧州にも多大な影響を及ぼし、デンマーク経済も無縁ではいられなかった。景気の低迷がデンマーク国民の家計を直撃し、家具の需要が激減した。

その余波を受け、オーレ・キアクの会社は倒産寸前まで追い詰められた。

妻を亡くし、子供たちの生活がかかっていたオーレ・キアクは悲嘆に暮れる間もな

く、家具製作に代わるビジネスを必死に探した。

そして、一念発起して取り組んだのが、子供向け玩具の開発だった。

家具職人の経験を最大限に生かすため、オーレ・キアクはまず、木工玩具の製作を中心に始めた。

「子供たちにも、大人と同じ品質の製品を提供すべきだ」

これがオーレ・キアクの持論で、たとえ玩具であっても、大人顔負けのリアリティを持たせることにこだわった。アヒルやクマ、トラクターや消防車など、製作した木工玩具は細部まで徹底して作り込んだ。簡単には壊れない耐久性も売りにした。

リアルでいて、その上、落としても叩いても壊れない。その後のブロックにも通じる、親が安心して子供に与えられる玩具をオーレ・キアクは目指した。

オーレ・キアクが自らの玩具会社の名前を「LEGO（レゴ）」としたのは、1934年。レゴとは、デンマーク語の「Led Godt」、「よく遊べ」という言葉から作った造語である。偶然だが、LEGOはラテン語で「私は組み立てる」という意味の言葉だということが後に分かる。

ただし、オーレ・キアクのこだわりも創業から数年間は子供たちに受け入れられず、鳴かず飛ばずの時期が続いた。玩具作りの工房ではたびたび火災が発生するなど、災難にも直面した。

しかし、玩具事業を失えば後がない。オーレ・キアクは諦めず、コツコツと玩具作りを続けていった。

1939年、細々と事業を続けていたオーレ・キアクにチャンスが訪れる。第二次世界大戦が勃発し、欧州で大きなシェアを持っていたドイツの大手玩具メーカーが次々と事業停止に追い込まれたのである。

戦時中であっても、兵役に就く男たちは、祖国の子供のために玩具を買う。そのため玩具のニーズは常にあった。レゴはドイツの玩具メーカーに代わってこうした需要を取り込み、急成長を遂げていった。

戦後になっても玩具の注文が堅調に入り続けるようになり、レゴの木工玩具事業は軌道に乗り始めた。

そして1947年、現在のレゴの源流となる事業が始まる。

オーレ・キアクの息子、ゴッドフレッド・キアク・クリスチャンセンが、3万デンマーク・クローネを拠出して、プラスチック射出成型器を英国から輸入した。流行していたプラスチック製玩具の開発を始めたのである。

子供たちが自分で遊び方を考える

プラスチックの新技術によって、ゴッドフレッド・キアクたちは従来にない、精巧な玩具が作れるようになった。クルマやトラック、動物などさまざまなプラスチック製玩具を生み出していった。

やがて、レゴブロックの原型といえるプラスチック型ブロックの開発に乗り出した。当初、レゴが想定していたブロックのコンセプトは、積み木のようにブロックを組み上げ、子供たちが好きなように建物や乗り物を作れるというものだった。

一般に、玩具の多くは、あらかじめ遊び方が決まっている。メーカーは玩具に説明書を同梱して子供に指示し、子供たちも基本的にはそれに従って遊ぶ。ところが、ブロックの場合は必ずしも説明書通りに遊ばなくてもいい。ブロックの組み立て方次第で好きなものを作ることができるのだ。子供たちが自分たちで遊び方を考えられる。

「うまく製作すれば、従来にない画期的な玩具になるかもしれない」

初期のブロックは当時製造していた200種類以上のプラスチック製玩具の一部にすぎなかったが、クリスチャンセン親子は、次第にプラスチックのブロック玩具開発に期待を募らせるようになった。それまでの玩具とは決定的に違う遊び方ができるというコンセプトに、２人は大きな可能性を見出し、興奮した。

試行錯誤の末、１９４９年に最初のブロック玩具が完成する。

しかし、予想に反して子供たちの反応は、芳しくなかった。

子供たちは当初、ブロックでどうやって遊べばいいのかが分からなかったのだ。しばらく触ってはみるものの、すぐに飽きてブロックへの興味を失ってしまった。

ブロックが子供たちの心を捉えなかった原因はいくつかあった。

初期のブロックは、現在のようにブロック同士がカチッとはまる「クラッチ構造」ではなかった。ブロックを単純に積み上げて遊ぶことしかできず、少し揺れただけでもすぐに崩れてしまう。商品名も「オートマ・ビンディング・ブロック」という、イメージの湧きにくい堅苦しい名称だった。

それでも、クリスチャンセン親子は新しいコンセプトに手応えを感じていた。すべてのブロックが、ほかのどのブロックとも連結でき、その数が増えるほど、組み立ての可能性が広がる。

「これこそが創造力を刺激し、創造意欲を高め、モノ作りの喜びを与える玩具だ」

ゴッドフレッド・キアクはこう言って、諦めずに改良を重ねた。

そして苦労の末、１９５８年にクラッチ構造が完成する。ブロックの裏側に３本のチューブをつけ、下にくるブロックの表面にあるポッチと3点を連結させるスタッド・アンド・チューブ連結と呼ぶ仕組みを生み出したのである。

ブロックの強度と自由度は格段に高まり、遊び方に広がりをもたらした。1953年には商品名を、「レゴブロック」とより分かりやすい名称に変えたこともあって、ようやく子供たちが関心を示すようになった。

それも、子供たちはいったん遊び始めると、クリスチャンセン親子が驚くほどに、レゴブロックに夢中になった。

遊びの自由度が受けた

当時、クリスチャンセン親子はレゴブロックには2つの魅力があると考えていた。それは、現在まで続くレゴの本質的な価値、と言い換えてもいい。

一つは、ブロックの堅牢性と互換性だ。レゴは少しくらい踏んでも割れないし、子供が噛んでも簡単には傷つかない。そして1958年に製造したブロックが、2021年に作られたブロックにもピタリとはまる。何代にもわたって同じ玩具を引き継いで遊べる持久性の高い玩具だった。

もう一つは、遊び方の可能性を無限に広げられることだった。

ゴッドフレッド・キアクが見出した、連結できるブロックが増えるほど、組み立ての可能性が広がるというコンセプトはやがて、「遊びのシステム」と呼ばれていく。レゴブロックを販売する際には乗り物や町といったセットを提示するが、それは作り方の一例に過ぎない。

子供たちは自分の発想で箱に示された作品とは別の乗り物を作ったり、町を大きくしたりできる。自分で遊び方を考えられる自由度があるのだ。

何でも組み立てられる丈夫なブロックと、遊びのシステムという2つの価値を武器に、レゴは現実にあるさまざまな場面を切り取り、シリーズ化していった。

例えば、初期にヒットしたシリーズの一つが、デンマークの農家の風景だった。親が乗っていたトラクターに憧れを抱いていた子供たちはレゴの世界で夢中になって遊んだ。トラクターシリーズは発売から1年半で10万セットを販売し、大いに収益に貢献した。

火災で木製玩具の製作工場が消失した不運もあり、1960年に入るとレゴはブロックの開発・製造だけに経営資源を絞り込んでいった。

1963年にはブロックの原料を酢酸セルロースからABS（アクリロニトリル・ブタジエン・スチレン）に切り替え、現在とほぼ同じ品質のブロックが完成した。

欧州での人気が決定的になったのは1966年。バッテリーを内蔵した汽車型の「レゴトレイン」シリーズが発売されると、ドイツで大きなヒットを記録した。トレインシリーズは、現在の人気シリーズ「レゴシティ」の源流となるテーマである。

このヒットによって、当時のレゴにとって最大の市場だったドイツで、レゴブロックは不動の人気を誇るようになった。以降、欧州のほかの市場にも広がり、レゴは子供たちの定番玩具としての地位を固めていった。

プレイテーマという世界観を売る

ゴッドフレッド・キアクの息子、3代目のケル・キアクが1979年にCEOの座を引き継いだ頃には、レゴはあらゆる年齢層の〝ビルダー〟が楽しめる組み立て玩具となることが目標となった。

レゴの製品群も拡充。1969年には4歳以下の幼児のためにブロックの大きさを8倍にした「レゴデュプロ」を発売し、1977年には上級者向けの「レゴテクニック」シリーズが登場した。

1980年代に入ると商品群はさらに増え、乗り物や建物に加えて、城シリーズや宇宙シリーズなど、プレイテーマ（遊びのテーマ）と呼ぶさまざまな世界を次々とブロックで再現し、子供たちを夢中にさせた。

欧州大陸で浸透したブランドは、米国でも大いに受け入れられた。

レゴは１９６１年に米国に進出し、今でも米国はレゴにおける戦略市場の一つとなっている。

日本での展開も１９６２年と早く、知育玩具として徐々に人気を高めていった。欧州から米国、そしてアジアへとレゴは事業を急速に広げ、１９６６年には世界42カ国で製品を販売するようになっていた。

多様なレゴブロックシリーズの世界観、そして組み立てるたびにカチッとはまるクラッチ構造を備えた精緻な製品作り——。

レゴブロックの強みに追随できるライバルは当時、世界のどこにも存在しなかった。気がつけば、レゴは唯一無二のブロック玩具メーカーになっていた。

利益の源泉であるレゴのクラッチ構造は、１９５８年に出願した特許が世界30カ国以上で登録され、がっちりと守られていた。それでも、レゴブロックを模倣した類似商品は後を絶たなかったが、レゴは徹底的に訴訟を起こし、勝利していった。

知財を守るためには相応の費用が必要だったが、レゴの成長スピードは、数々の訴訟コストを軽く負担できるほど速かった。

1980年代に入った頃には、レゴは世界的なブランドとして認知されるようになっていた。

単なる玩具ではなく、乳幼児の発達を促すベビーシリーズや、学校教材用のセット、コンピュータと連携できる製品などを開発し、技術や教育分野にも領域を広げた。

冷静に見れば、単なるプラスチックのブロックでしかないのに、値段は決して安くない。それでも世界中の親たちが、多少、値が張っても仕方がないと思わせるだけのブランド力を、レゴは持っていた。

クリスチャンセン親子が見出したレゴブロックの価値はこの頃、絶頂を迎えていた。

特許切れで直面した危機

ところが、1980年代後半から、レゴの経営環境に暗雲が漂い始める。

新たなライバルが次々と登場し、レゴと同等の価値を備え始めたのである。コモディティ化の波がレゴをのみ込もうとしていた。

最大の影響は特許切れだった。クラッチ構造の特許取得から20年以上が経ち、世界各国で期限切れを迎えていた。

結果、世界中の玩具メーカーが待ち構えていたようにレゴと似たブロックを次々と製造し始めた。米タイコ・トイズ（現マテル）、カナダのメガブロック（現マテル）、中国のココ……。1980年代の終わりには、レゴを模倣したブロックが次々に現れた。

ライバル製品の中には、本家のレゴブロックと組み合わせて遊べるという互換性を売りにしたものも少なくなかった。レゴの人気に便乗しようと、ピーク時には10社以上の玩具メーカーがレゴブロックのコピー品を投入していたという。

ブランド力に絶対の自信を持っていたレゴは、当初、ライバルの類似製品の影響は軽微だと考えていた。しかし、その考えが過信であることに次第に気づいていく。

何よりも影響が大きかったのが価格だ。

ライバルの製品の平均価格は、いずれもレゴブロックより2～3割は安かった。ブロックで遊びたくても、レゴは値段が高いと感じていた消費者の多くが、ライバルの製品に流れていった。やがて競合メーカーもレゴに似たプレイテーマを展開し始め、レゴのシェアは奪われていった。廉価なブロック玩具メーカーの参入は続き、ブロック玩具はどんどんと安くなっていった。引きずられるように、レゴの収益性も落ち込んでいった。

テレビゲームに子供を奪われる

特許切れと同時にレゴを襲ったのが、玩具業界に登場した新しいライバルの存在だった。

任天堂が1983年に発売した「ファミリーコンピュータ」が切り開いた家庭用ゲーム機が、玩具の主役を脅かす存在として急速に台頭してきたのである。

それまでにも、パソコンなどで遊べるゲーム機は存在したが、任天堂のファミコンは、扱いやすさやソフトの魅力において圧倒的に優れていた。ファミコンは一躍、市民権を獲得し、子供たちはテレビで遊べるゲームに夢中になった。

1989年には、携帯型ゲーム機「ゲームボーイ」が登場。子供たちは自宅だけでなく、どこにいてもゲームを持ち運んで遊ぶようになった。

成長市場を取り込もうと、任天堂だけでなく、ソニー・コンピュータエンタテインメント（現ソニー・インタラクティブエンタテインメント）が1994年に「プレイステーション」を発売。米マイクロソフトも専用ゲーム機「Xbox」を2001年に投入し、ゲームは巨大市場に変貌していった。

ブロックだけでは関心は引けない

テレビゲームは、瞬く間にあらゆる玩具を押しのけて玩具の王様になった。その魅力には、レゴもたちうちできなかった。

ゲームに比べれば、ブロック遊びは刺激が足りず、子供たちにはむしろ退屈な玩具に映った。

いつの間にかレゴは時代遅れの玩具というレッテルを貼られ、子供たちは急速に興味を失っていった。レゴを卒業する平均年齢も下がり、売り上げが低迷するようになっていた。

「もはや、ブロックだけでは子供の関心を引けない。早く新しい打ち手を考える必要がある」

１９９０年代、レゴ幹部は経営コンサルティング会社から、何度もこう指摘された。

もちろん経営環境の変化には、ケル・キアクをはじめとしたレゴ幹部も気づいていた。テレビゲームという巨大なライバルが登場し、さらにはレゴの強みを守る特許も続々と切れ、コモディティ化の波に襲われている。

しかし、動きは遅かった。

「あまりにも成功していた期間が長すぎた。競争環境は変わっているのに、社員たちはなお、レゴが一番子供たちを理解していると過信していた」

当時のレゴ社員は振り返る。

特に変化を受け入れず、頑なな姿勢を取り続けていたのが、製品開発の中枢を担うデザイナーたちだったという。

当時、レゴにはデザイナーが100人以上在籍していた。それぞれがお気に入りの素材や色見本の取引先を持ち、たった数グラムで十分な特殊な色を調達するために、わざわざ数トンの樹脂を購入することもあった。デザイナーが開発にかける費用は聖域とみなされ、実質的に誰も管理することができなかった。

1980年代までのレゴの躍進を支えたデザイナーたちだったが、その成功体験が、逆に変化の足を引っ張るようになっていた。

気がつけば、レゴの販路も時代遅れになっていた。創業期のレゴを支えていたのは、町のおもちゃ屋さんと言われるような零細小売店が多かったが、先進国では経済発展とともに、売り場の主役が交代していた。1980年代に入ると、玩具販売の多くは巨大な売り場面積を持つ量販店が担っていた。

ライバルの玩具メーカーはこうした変化に対応するため、情報化や物流網などの刷新を進めていた。ところが、レゴはサプライチェーンの見直しなどにほとんど手を着けていなかった。

レゴを取り巻く環境が激変していることは明らかだった。しかし、それでもなお、レゴ社員たちは、なかなか目の前に迫る現実を受け入れなかった。

いずれ子供たちは戻ってくる

「どんなに新しい玩具が出ても、最後は飽きてレゴに戻ってくるはずだ」

多くのレゴ社員が相変わらず、自分たちが一番、子供のことを分かっていると信じていた。誰もが漠然とした不安を抱きながらも、それを直視することを拒み、日々の仕事を続けていた。結果的に、経営陣も抜本的な改革に踏み切る決断を先延ばししていた。

しかし、状況は悪くなる一方だった。

あるレゴ社員は当時、自分の子供たちが学校から帰宅すると、ブロックには見向きもせず、まっすぐにテレビゲームに向かうことを、社内で打ち明けられなかったと振り返る。

「このままでは誰もがまずいと思っていたが、状況を変えられる雰囲気ではなかった」

市場で圧倒的なシェアを誇る企業が、新しい変化に乗り遅れて市場から退場する。米ハーバード大学元教授のクレイトン・クリステンセンが指摘する「イノベーションのジレンマ」が、レゴを襲っていた。

1988年には利益の源泉だったブロックの製造特許がすべての国で切れた。競合メーカーが次々と参入し、ブロックのコモディティ化はもはや明白だった。

こうして1993年、レゴは15年続けていた売上高の2ケタ成長がストップした。レゴは、時代から取り残されつつあった。

窮地に立たされたケル・キアクは、苦境に抗うように、レゴ製品の急激な拡大戦略を推し進めた。

1994年から1998年にかけて、年間の製品点数を3倍に増やし、毎年平均で5つの新しいシリーズを投入した。

「レゴベルビル」「レゴウエスタン」「レゴタイムクルーザー」……。

しかし、子供たちは一向にレゴには戻ってこなかった。この5年間で増えた営業利益は、たったの5%だった。

レゴの競争力、そしてブランド力が失われているのは、もはや疑いようのない事実だった。

15年以上にわたってレゴを率いていたケル・キアクも、子供たちのレゴ離れを認めざるを得なかった。そして１９９８年12月期、レゴは創業以来、初の赤字に転落した。

ケル・キアクは、経営体制の刷新を決断せざるを得ない状況に追い込まれた。

第3章

「レゴスター・ウォーズ」の功罪

脱ブロックで失った競争力

写真：経営危機の渦中に生まれた「レゴスター・ウォーズ」。
今でもレゴ有数の人気シリーズの一つだ

内部昇格者と外部人材。企業が永続するには、後継となる経営者を、どちらから選抜するべきだろうか。

米ハーバード大学の元教授で、ベストセラー『ビジョナリーカンパニー』シリーズで知られる経営学者のジム・コリンズは、この問いに対して、内部昇格が望ましいと断言している。

最難関の課題、後継者指名

「事実をみていくなら、飛躍を導くために外部から指導者を迎えて社内の大改革を行う必要があるとの見方には根拠がない。それどころか、有名な変革の指導者の招聘《しょうへい》は、卓越した業績への飛躍と持続とは逆相関の関係にある」

コリンズは、『ビジョナリーカンパニー2　飛躍の法則』でこう述べ、その理由を次のような趣旨で説明している。

「後継者を指名する取締役会にとって、内部昇格者の方が、蓄積している情報量が圧倒的に多いからだ。事業環境はもちろんのこと、戦略から社内人脈など、外部から招聘した経営者とは比較にならないほど豊富だ。事業や製品群が多岐にわたる大手企業ほど、その傾向が強くなる」

だからこそ、偉大な企業になるには社内の人材育成を怠らず、社内のビジョンと照らし合わせて、常に最適な人材を組織にとどめておくべきだ――コリンズは書籍を通してこう主張している。

他方、外部人材が経営を承継し、成功したケースもある。

日本企業の代表例として思い浮かぶのは、2010年に巨額の負債を抱えて経営破綻した日本航空（JAL）を再生した京セラ創業者の稲盛和夫だろう。

当時、わずか数人のスタッフだけを引き連れて会長に就任し、約3年でJALを再建した稲盛の考え方は、コリンズの解釈とは正反対だ。

「（外部から招聘された経営者は）その会社固有の価値観に引きずられない。特に、その企業文化が経営にマイナスの影響を与えているとき、それを断ち切るのは外部の人間の方がふさわしいこともある。中の人間が気づかない課題も、外の人間から見るとはっきりと分かる」

JALの再建を振り返った経済誌「日経ビジネス」の取材で、稲盛はかつてこのような趣旨の話をしている。

すべての事業を知り抜いた内部昇格者が実態を把握し、的確な戦略を立てて事業承継を成功させることもあれば、逆に事業の連続性を尊重するあまり思い切った手が打てず、失敗することもある。

内部昇格か、外部招聘か

ここから導き出せる結論はつまるところ、事業の承継とは結果がすべてだということだ。

コリンズが優れた経営者を育成する組織として賞賛した米ゼネラル・エレクトリック（GE）。「クロトンビル」で知られる同社の厳しいリーダー育成プログラムは、世界の人事関係者から注目を集め、ジャック・ウェルチやジェフリー・イメルトなど、内部から稀代の経営者を輩出した。

一時は多くの企業がGE流のリーダー育成を手本にし、同社が採用した経営管理手法「シックス・シグマ」や社内大学などの制度を取り入れた。

ところが、2017年に入るとGEは経営不振に陥り、同年にCEOを引き継いだジョン・フラナリーは、約1年で引責辞任に追い込まれた。現在は、米産業機器大手ダナハーのCEOを務めていたローレンス・カルプが建て直しに奔走している。

「ユニクロ」を世界ブランドに育て上げたファーストリテイリング会長の柳井正は、過去に日本経済新聞のインタビューで、後継者像についてこう語っている。

「社内の人間じゃないとダメだと思う。みんなの支持が得られないからです。支持されるリーダーというのは、好き嫌いじゃない。この人の言うことなら聞いてもいいと思える人。そのためには、（部下に）具体的で的確な指示が出せなくてはいけません。経営はぼんやりした概念や方針じゃ回りません。具体性、個別性がないとうまくいかない」

しかし、そんな柳井でさえ、過去には社内と外部から2度、後継者を指名したが、うまくいかず、現在も本人が経営トップに立ち続けている。

柳井の盟友であるソフトバンクグループ会長の孫正義も、2015年に元グーグル幹部のインド人、ニケシュ・アローラを後継者に指名したが、約1年後にそれを撤回した。孫は現在もトップの座にとどまっており、後継者問題はソフトバンクグループにとって、大きな課題となっている。

いかに有能な経営者であっても、一筋縄ではいかない後継者指名。経営危機に陥ったレゴもまた、この最難関の課題に苦労することになる。

危機が社内に伝わっていない

時は、再び1998年。

創業家でCEOのケル・キアク・クリスチャンセンはいよいよ後がなくなっていた。約20年間の長期にわたってCEOを務め、デンマーク発のレゴを世界的ブランドへと成長させた経営手腕も、目の前に押し寄せる環境変化の波には対応できなかった。繰り出した打ち手はことごとく失敗し、輝きを放っていたレゴのブランドは、急速に色あせていた。

問題は、ケル・キアクの危機意識が、現場にまで伝わっていないことにあった。

「20年以上にわたる長い成功体験が、レゴという組織を鈍感にしていた。危機が迫っているのに、これほど満ち足りた雰囲気の職場はなかった」

レゴの元社員は振り返る。社員の多くがレゴの栄光を信じて疑わず、これまでと同じような変わらない日常が永遠に続くと信じていたという。

しかし、いくらレゴが製品の投入数を増やしても、子供たちがレゴに戻ってくることはなかった。売り上げは低迷し、在庫の山とコストだけが増えていった。
1998年の秋頃には、レゴは創業以来、初の赤字に転落することが明らかになっていた。

「リーダーを代える必要がある」

同年10月、ついにケル・キアクは腹を決める。レゴの経営から退き、新しい指導者を外部から招くことを発表した。

招聘したのは、ポール・プローマンという人物だった。当時、経営不振に陥ったデンマークの高級音響機器メーカー、バング&オルフセンをCOO（最高執行責任者）として再建した経営者として知られていた。

再建請負人を招聘

バング&オルフセンは、独創的なデザインを持つ高級ブランドとして世界的に知られている。日本にも熱狂的なファンが少なくない。

ラジオに魅了された起業家のピーター・バングが、友人のスヴェン・オルフセンとともに1925年に創業。音響機器や周辺機器の開発に特化し、1939年にラジオを開発、音響機器メーカーとしての道を本格的に歩み始めた。

2度の世界大戦をくぐり抜け、戦後はヤコブ・イェンセンなど、著名な外部デザイナーを起用した独自のデザイン開発手法を構築。ユニークな世界観は、オーディオファンやデザイナーに愛され、熱狂的なファンを多く生んだ。


しかし、1990年代に入ると経営が行き詰まりを見せ始めた。

その理由を端的に言えば、製品と顧客のニーズの間にズレが生じたことだった。デザインを重視しすぎた結果、機能性に優れた日本製のオーディオ機器にシェアを奪われていった。強みだったバング&オルフセン独自の世界観は、やがて独善的と批判されるようになり、ファンはブランドから離れていった。

COOに就任したプローマンは、この状況を変えることに成功する。組織を合理化し、事業の選択と集中を進め、バング&オルフセン本来の強さであるデザイン開発に資源を再投入した。

ほどなくして、会社は息を吹き返した。

バング&オルフセンはデンマークで生まれ、社歴も企業文化もレゴに近い。不振の要因も似ており、老舗ブランドを復活させたプローマンは、レゴ再建にふさわしいリーダーになると、誰の目にも映った。デンマークの地元紙は「奇跡を起こす男がやってきた」と書き立て、ケル・キアクもその手腕に大いに期待した。

白髪をさっそうとなびかせるプローマンは、見た目にも精神的にも、エネルギッシュでタフな男だった。

週の初めに自宅のあるパリからレゴ本社のあるビルンに約2時間をかけて飛行機で通勤し、息つく間もなく次々とミーティングを入れる働きぶりだったという。

「頭脳明晰で、論理的に物事を考え、次々に意思決定を下していく。強いリーダーシップを発揮する典型的な人物だった」

あるレゴ社員は振り返る。

ケル・キアクは、形式的にはＣＥＯの座にとどまったが、実質的な経営はＣＯＯのプローマンが担うことになった。

ブロックの価値は風前の灯火

プローマンは、早速、レゴ社内を歩いてヒアリングを始めた。各現場を精力的に回り、状況を聞き取っていった。そして、たちどころにレゴの不振の原因を理解した。

（レゴのブランドは今も強力だ。子供だけでなく、親や大人からも絶大な信頼を勝ち得ている。しかし、レゴの競争の源泉であるブロック事業は今や風前の灯火になっている。それを、現場社員の多くが自覚していない）

社内の様子を知るほど、プローマンにはブロックの開発・製造という事業が賞味期限を迎えているように映った。それにもかかわらず、社員はその現実から目をそらしている。

「いったん勢いを失った事業を立て直すのは難しい。それよりも、今も強いレゴのブランドを生かし、新しいビジネスを立ち上げるべきだ」

プローマンは、レゴがブロックに代わる新しい価値を消費者に訴求する必要があると結論づけた。

レゴの生き残りの道を、「脱ブロック」の世界に見出す――。

これが、プローマンの考えだった。

「ブロック事業は困難な状況にある。しかし、レゴの強いブランド力は今も健在だ。であれば、ここを突破口に新たなレゴのビジネスをつくっていこう」

プローマンは社内に号令をかけ、レゴブランドを活用したビジネスの開発を全面展開する方針を示した。「レゴ」というブランドが通用する可能性のある事業を片っ端から検討し、新事業として乗り出していった。

アパレルからキャンプ用品まで

脱ブロックの取り組みとは、例えばテレビ番組への本格的なコンテンツ供給だった。レゴの製品の中には、タウンシリーズをはじめ、テレビ番組にしても受け入れられそうなものがたくさんあった。テレビを通して、子供たちにレゴブランドを幅広く訴求し、ブロックの認知度向上と売り上げアップにつなげていく。さらに、レゴ側は映像化することで、ライセンス収入という副次的な稼ぎが見込めるようにもなる。

プローマンは、ライセンスで稼ぐという事業モデルを、レゴブロックに代わる成長の柱に据えようと考えていた。

そして、レゴブランドを商品・サービス化できそうな、さまざまな分野へ進出していった。

真っ先に参入したのがテレビゲームの世界だ。レゴブランドのオリジナルゲームを投入し、専門の開発部門も発足させた。

それ以外にもアパレルや時計、ベビー用品、シューズ、キャンプ用品など、考えつく限りの分野で、ライセンスビジネスを検討していった。

プローマンは、ブランドの訴求力を高めるため、消費者とレゴとの接点を増やすことも求めた。

それまでは数店にとどまっていたレゴの直営店を新たに300店舗も増やし、レゴが消費者と直接関われる場を広げていった。さらにはデンマークのビルンに開園していたテーマパーク「レゴランド」の海外展開を決定。ドイツや米国などの有力市場で、レゴランドをオープンする計画を進めた。

「レゴスター・ウォーズ」誕生

プローマンの改革は、レゴの製品開発にも変更を迫った。

象徴的なケースが、映画『スター・ウォーズ』シリーズを制作していた米ルーカスフィルム（2012年に米ウォルト・ディズニー・カンパニーが買収）との提携だった。

1997年、かつて大ヒットした映画の続編が2年後に公開されるのに合わせて、レゴ版のスター・ウォーズを開発するという企画が持ち上がった。

レゴにとっての戦略市場である米国で、スター・ウォーズは絶大な人気を誇っている。開発すれば大ヒットは間違いないと現場は確信していた。

しかし、古くからいるレゴの幹部たちは、この提案に難色を示していた。「これまでレゴが守ってきた世界観を壊しかねない」というのが大きな理由だった。

レゴは長年、子供向けの玩具メーカーとして、「暴力的なものを想起させる世界はつくらない」という不文律を守ってきた。しかし、宇宙戦争をモチーフにしたスター・ウォーズはこのルールから完全に逸脱している。

さらに、スター・ウォーズのレゴ版を製造する場合には、レゴ側がルーカスフィルム側にライセンス料を支払う必要がある。レゴ自体がライセンスビジネスで稼ごうとしていた矢先、逆にライセンスを支払うということは、受け入れ難い状況だった。

社内では、数カ月にわたって侃々諤々《かんかんがくがく》の議論が繰り返された。だが最終的には、スター・ウォーズの製品化にゴーサインが出る。「製品開発にも、これまでのレゴの世界観にとらわれない常識を持ち込む」というプローマンの強い意思が反映された結果だった。

ブロック開発の常識を変える――。

プローマン体制後の1998年、レゴの製品開発に最も大きな影響力を持つデザイナー陣に対して、レゴは改訂したブランドマニュアルを配布した。そこには「かつての強みだったレゴブロックは、今や最大の障害である」と記載されていた。

プローマンは従来のデザイナーが固執してきた価値観にとらわれない人材を欧州各国から次々と引き抜いてきた。結果、変われないデザイナーたちの活躍の場は年々、減っていった。聖域を設けず、従来のレゴの常識を変えるための雰囲気づくりを、急ピッチで社内に醸成していったのである。

レゴではないレゴを開発せよ

やがて社内では、伝統にとらわれない、野心的な製品が誕生し始めた。

その一つが、2002年に発売した「ガリドール」というシリーズである。戦闘や激しいアクションを好む男の子向けに開発されたレゴで、ブロックのパーツは、従来のレゴブロックとまったく互換性がないことが特徴だった。ブランド名にこそレゴと付いているが、中身は従来のレゴブロックとはまったく違う。これが、既存の常識にはとらわれない製品として称賛された。

ほかにも「ジャック・ストーン」と呼ばれるシリーズが生まれた。ここでもレゴは、従来の製品とは互換性のない玩具を開発した。既存のレゴシリーズと似ても似つかないデザインに、社員の多くは違和感を拭い切れなかったという。

しかしプローマンは、従来の殻を破る製品として、これらを高く評価した。

一方で、伝統的なレゴ製品の開発は、その多くが見直された。

幼児を持つ親に支持されてきた「レゴデュプロ」は、レゴの新しい価値を体現するのにふさわしくないとして開発の中止を決めた。デュプロにこだわることは、古いレゴのしがらみにとらわれているとみなされた。

プローマンは一気呵成《いっきかせい》に新事業を立ち上げる一方で、徹底した人員整理にも踏み切った。

就任後、レゴの当時の全従業員の10％に当たる約1000人が会社を去った。これほどの規模の人員削減は創業以来初のことだった。

改革がもたらした功罪

徹底的にコストを削減し、レゴブロックに代わる新しい収益の柱を立ち上げる。プローマンは、外部から招聘された経営再建のプロとしての役割を、粛々と進めていったにすぎない。

しかし、40年以上も続くレゴの伝統に慣れた多くの社員にとって、プローマンが次々と打ち出す施策は劇薬に等しかった。ベテラン社員を中心に、社内ではプローマンに対する不満が鬱積《うっせき》していったという。

プローマンがCOOに就任してから3年が経つと、脱ブロックの改革は、レゴに功罪、両面の影響をもたらしたことが明らかになってきた。

「功」は、何よりも組織が活性化したことだ。何事にも挑戦が許される環境となり、組織には新しいヒットが生まれる雰囲気が醸成され始めていった。

実際、いくつかの成果も生まれた。

経営幹部の反対を押し切って発売したスター・ウォーズシリーズはレゴ史上最大のヒット作となった。映画の人気が原動力となり、2002年12月期、レゴは営業利益で8億3000万デンマーク・クローネ（約138億円）と、当時の最高益を更新した。

この成功を受けて、レゴは人気映画作品との提携を定番化していく。『ハリー・ポッター』『インディ・ジョーンズ』といったヒット作のレゴ版が続々と開発されていった。

テレビ番組との連携にも大きな効果があった。

レゴのコンテンツはテレビ番組でも注目を集め、マーケティング施策として大きな反響を呼んだ。テレビ番組で培ったオリジナルアニメなどのノウハウは、後に開発される「レゴフレンズ」「レゴニンジャゴー」などの独自のプレイテーマにも生かされることになる。

レゴのブランド力の強さも、改めて証明された。

ゲーム、アミューズメントパーク、衣料品など、多くが好調な滑り出しを記録した。コンピュータゲームは1997年に発売した「レゴアイランド」をきっかけに、レゴメディアと呼ぶゲーム開発組織を発足した。アクションゲームだけでなく、チェスやパズルなどの教材的な要素を含む、多様なジャンルのゲームを積極的に開発した。テーマパークの「レゴランド」も、デンマークから英国、ドイツ、米国、そして日本へと展開計画を広げていった。レゴにマイナスの印象を持つ人は少なく、どの国でも好意的に受け止められた。

脱ブロックを標榜し、レゴの価値をブロックそのものからブランドへとシフトしたプローマンの戦略は、一見、成功したかのように思えた。

「私の知っているレゴではない」

しかし、勢いは長くは続かなかった。

ブロックに代わる新たな収益源として期待されていた新事業は、次第に息切れし始めていく。時間が経つにつれて、プローマン改革の「罪」の面が目立つようになっていったのだ。

例えば、爆発的に売れたスター・ウォーズシリーズは、その後、続編映画が公開される年には売り上げが跳ね上がったが、一方で映画が公開されない年の業績は大きく落ち込んだ。

映画の公開とレゴの業績が密接に連動するようになり、経営の安定性を欠くようになってしまったのだ。さらに社内では、外部の有力コンテンツに頼れば売り上げが計算できるという安易な発想が芽生え、製品開発力の低下を招いた。

ゲームやテレビといったほかの事業も同様だった。

話題性もあって、最初こそ消費者の受けはよかったものの、持続的な人気にはつながらず、次第に多くが失速していった。

これまでのレゴの殻を破ることを目指した既存製品のテコ入れも、結果的には失敗に終わった。

「ジャック・ストーン」や「ガリドール」など、既存のレゴブロックと互換性のない製品に対する子供やその親からの反応は、芳しいものではなかった。ファンからは歓迎の声よりも「これは私の知っているレゴではない」という声が多く寄せられ、期待した売り上げにはほど遠かった。

さらに深刻だったのは、多くの消費者が、「レゴはもはや昔のレゴではない」という印象を抱いたことだった。ブランドに対する熱が冷め、レゴへの関心を急速に失っていったのである。

すべて自前でできるわけがない

結局、スター・ウォーズシリーズの発売で最高益を記録したわずか2年後の2004年12月期、レゴは当期損益18億デンマーク・クローネ（約333億円）の赤字に沈んでしまう。

何より深刻だったのは、新事業を矢継ぎ早に投入したことで積み上がった負債だった。2003年には26・7％だった自己資本比率はわずか1年で5・9％にまで低下し、創業以来最大の危機に陥った。

当初は好調な滑り出しだった新事業が、なぜ持続しなかったのか。

原因の一つは、すべてを自分たちで手がけようとしたことにあった。事業の多角化を決めたまではよかったが、レゴはその大半の運用を自前で任うことにこだわった。それまではブロックの企画や製造、販売などしか経験のないレゴ社員を、さまざまな新事業に異動させ、マネジメントするよう求めた。

ビルンの本社でマーケティングを担当していたある社員は、米国で開園する「レゴランド」の運営に携わるよう指示された。ブロック玩具メーカーに勤めている社員に、まったく畑違いの事業に関与させようとしたわけだ。新しい環境に適応できる社員がいないわけではなかったが、現場からは戸惑いと不満の声が絶えなかった。

「ブロック開発しか経験のない社員に、テーマパーク事業などできるはずがなかった」

当時を知るレゴ社員は振り返る。

無論、プローマンがわざわざ社員を派遣したのには理由があった。レゴのブランドを守り、製品やサービスの品質を守るには、レゴ社員が責任を持って管理する必要がある。そうしなければ、レゴの世界観が崩れかねないと考えていた。

しかし、一気に拡大したビジネスは、組織の許容量を超えていた。社員だけですべてを手がけることは到底、不可能だったのである。次第にこの運用体制に無理が生じていった。

改革の順番を誤った

強力なレゴブランドをテコにしたライセンスビジネスの拡大、映画やテレビ番組とタッグを組んだメディアミックス、そしてテーマパークの海外展開……。

脱ブロックを掲げたプローマンの華々しい改革は、一度は成功したかに見えた。しかし、業績の持続的な回復にはつながらず、次第に失敗が明らかになっていった。

米マサチューセッツ工科大学（ＭＩＴ）スローン経営大学院の講師であり、レゴの経営を分析した『レゴはなぜ世界で愛され続けているのか 最高のブランドを支えるイノベーションの7つの真理』の著者、デビッド・ロバートソンは筆者の取材に対し、この時期のプローマンの経営を次にように評した。

「プローマンが進めた改革の内容は、どれも決して間違っていなかった。問題は、優先順位の決め方とタイミングだ。リソースが十分でないのに、多くの施策を一度に進めようとしたことに無理があった」

事実、レゴがその後、CEOに指名したヨアン・ヴィー・クヌッドストープの手腕によって復活を果たすと、レゴはプローマンと同様の多角化策を進めていく。プローマンがレゴ幹部を説得して開始したスター・ウォーズシリーズは、今もレゴの人気商品として収益に大きく貢献している。

「残念ながら、プローマンの繰り出した施策の多くは、レゴにとって時期尚早だった。すべき決断は変わらないのに、タイミングが違うと結果が伴わない。しかし、いつが適切なタイミングなのかはやってみなければ分からない。マネジメントの難しさだ」

こうロバートソンは言う。

2004年1月、プローマンはCOOの座を事実上、解任され、ひっそりとレゴを退社した。バング&オルフセンを見事に再生したプローマンだったが、レゴでは同じ結果を残すことができず、静かに表舞台から去っていった。

「レゴが身売りを検討している」

プローマンを招聘し、改革を委ねたケル・キアクは、その失敗を受け、再びレゴを率いざるを得なくなった。

しかし、レゴにはもはや後がない。

事業の多角化によって、負債はさらに積み上がり、レゴ本社には資金繰りを案じた金融関係者が、連日出入りする事態に陥っていた。

2003年頃には、「レゴが身売りを検討している」という噂が、金融関係者や報道関係者の間で盛んに囁《ささや》かれるようになっていた。

従来のブロックという枠組みにとらわれず、新事業に積極的に挑む構想によって、一時はレゴ社内の士気は復活したかに見えた。だが、その矢先の転落に会社は激しく動揺した。

本章の冒頭に紹介した経営学者のコリンズは、著書『ビジョナリーカンパニー3　衰退の五段階』の中で、企業の衰退していく道を端的に説明している。

第一段階は「成功から生まれる傲慢」。第二段階は「規律なき拡大路線」。第三段階は「リスクと問題の否認」。第四段階は「一発逆転策の追求」。そして、第五段階は「屈服と凡庸な企業への転落か消滅」――。

ブロック玩具によって成功し、世界に冠たるブランドを構築したレゴは、確かに世界企業への道をひた走っていた（「成功から生まれる傲慢」と「規律なき拡大路線」）。しかし、環境の変化を認めず、危機に陥った（「リスクと問題の否認」）。そして、プローマンという外部人材を招聘し、一発逆転に賭けた（「一発逆転策の追求」）。コリンズの理論に照らし合わせれば、この時のレゴは、再起を期した再建請負人の大改革に挑み、失敗した第四段階にいた。

このままいけば、第五段階の「屈服と凡庸な企業への転落か消滅」に突入するのは、時間の問題だった。何よりケル・キアクにとっての課題は、次に託す人間がもはや残っていないことだった。自ら招いた経営者が再建に失敗した今、一体、誰がレゴの再生を引き受けるのか。

（もはや万事休すか――）

追い詰められたケル・キアクが最後の頼みとして復活を託したのは、レゴ入社3年目、35歳の若者だった。

第4章

革新は制約から生まれる

崖っぷちからの再建

写真：創業3代目ケル・キアク・クリスチャンセン（左）と
レゴの窮地を救ったヨアン・ヴィー・クヌッドストープ

レゴ創業3代目のケル・キアク・クリスチャンセンは、再び追い詰められていた。2004年に入ると、再建請負人としてCOOに招聘したポール・プローマンの改革が、ほぼ不成功に終わったことが明らかになった。

プローマンの打った施策は経営再建の定石に照らし合わせれば、確かに筋が通っていた。

しかし、社内に与えたショックが強すぎた。「脱ブロック」を掲げた彼の方針は、社員を必要以上に不安に陥れた上、ファンの心もレゴから引き離してしまった。

ファンの信頼を失ったレゴの業績は、つるべ落としのように急落した。

2004年12月期は、2年連続の赤字に沈み、当期損失は18億デンマーク・クローネ（約335億円）と、過去最悪の業績を記録した。テーマパーク「レゴランド」やブランドのライセンス事業など、当初は再建の柱として期待された事業の多角化路線も失速し、有利子負債47億デンマーク・クローネ（約874億円）が、財務に重くのしかかり、自己資本比率は5・9%の危険水域に達していた。

「レゴは、強みだったブロック開発からあまりにも遠ざかり、本来の魅力を完全に失ってしまった」

これが、古くからのレゴファンの偽らざる印象だった。

もう後のないケル・キアクは、プローマンに代わる経営者の選定を急いだ。しかし、候補者探しは困難を極める。

レゴの経営状態は、プローマンが再建請負人として就任した時よりも、さらに悪化していた。再び外部から経営者を招聘するにしても、内部から抜擢するにしても、果たして誰がこんな火中の栗を拾うだろうか。

悩みに悩んだ末、ケル・キアクは、ある男を呼び出すことを決心する。名は、ヨアン・ヴィー・クヌッドストープ。レゴ入社歴わずか3年の元コンサルタントだった。

教員免許を持つ元マッキンゼー

180センチを越える長身で、あご髭と丸メガネがトレードマーク。巨体が相手に威圧感を与えることもあるが、それを帳消しにする笑顔で周囲を和ませる。

デンマーク西部のフレデリシアで育ち、父はエンジニア、母は幼稚園教諭を務めていた。多くの子供がそうであるように、クヌッドストープもレゴに囲まれて幼少期を過ごした。大学はデンマークの名門、オーフス大学に進み、経営学と経済学を学んだ。

人口動態が経済に与える影響について研究する傍ら、子供の教育に関心を持ち続け、大学卒業後に教員免許を取得している。

その後、コンサルティング会社の米マッキンゼー・アンド・カンパニーに入社。戦略づくりの基本を叩き込まれた。毎日が刺激的な職場ではあったが、寝る間も惜しんで猛烈に働く環境には、最後までなじめなかったと言う。

クヌッドストープは2001年にヘッドハンティング会社から、レゴへの誘いを受けて入社した。レゴはマッキンゼー時代の直接のクライアントではなかったが、憧れの会社だったと言う。

入社後は、コンサルタントの経験を生かして社内のさまざまなプロジェクト管理を担当し、課題を解決していった。

品質管理に問題があれば管理工程表を策定し、生産システムの運用がうまく機能していなければ、関係者を集めて作戦会議を開いた。

多才なクヌッドストープはその人柄もあって、すぐにレゴの社風になじみ、社内のさまざまな問題を解決して、人脈を広げていった。

活躍はすぐにレゴ幹部にも知られるようになり、入社3年目には、全社の経営企画を任されるようになっていた。

あと数年でレゴは破綻する

そんなクヌッドストープも、レゴの危機的な状況に焦りを感じていた。定期的にレゴの経営状態を分析し、ケル・キアクら幹部に伝えていたからだ。

「何も手を打たなければ、あと数年でレゴは破綻しかねない状況に追い込まれます」

数字を見ればレゴの危機は明白だったが、多くの幹部が問題に向き合おうとしない。そんななか、クヌッドストープは正面から論じ、対応を迫った。そうした姿勢を、ケル・キアクは評価していたようだ。

クヌッドストープ自身は、ケル・キアクからCEOに抜擢された理由について、後にこう語っている。

「期待していた経営のプロが去り、もうほかに適任者がいなかったのだと思う。残された選択肢の中で、会社の戦略と財務の全般を担当していた私が適任だと判断したのだろう」

ケル・キアクが公の場でクヌッドストープを抜擢した理由を明確に語ったことはない。ただし、この期に及んでレゴの再建を引き受ける経営者が外部から見つけられそうもないことは明らかだった。

ケル・キアクが父からバトンを受けてCEOに就任した年齢と、クヌッドストープが近かったという状況も重なり、最後はクヌッドストープの若さと勢いに賭けた。

これで再建に失敗すれば、もはやレゴに明日はない。乾坤一擲《けんこんいってき》の勝負だった。

こんな若者に再建が可能なのか

クヌッドストープの抜擢は当然、社内外に驚きと戸惑いを持って迎えられた。

良くも悪くも、その年齢が注目された。クヌッドストープは当時、35歳。しかも入社3年しか経っていない。

世界的に有名なマッキンゼーでコンサルティングに従事した経験はあるが、自ら会社を経営した経験はない。そんな若者が、デンマークを代表する世界的玩具メーカーの舵取りを担えるのか。あまりにも荷が重いのではないか——。

レゴ古参の社員からは、不安の声が相次いだ。


しかし、もうほかに選択肢は存在しない。周囲の不安を聞きつつも、ケル・キアクは自分の判断を貫いた。

当面は、ケル・キアクがＣＥＯを続けることを表明しつつ、クヌッドストープをまずＣＯＯに任命し、経営の執行に責任を持たせた。

同じタイミングで、デンマーク大手金融機関のダンスク銀行からスカウトしたＣＦＯ（最高財務責任者）のイエスパー・オヴェーセンを加え、トロイカ体制でレゴの再生を目指した。

クヌッドストープにとって、ケル・キアクは経営のスパーリング相手のような存在だったと言う。いろいろなアイデアや相談事をぶつけ、フィードバックを聞きながら意思決定を続けた。ケル・キアクはさまざまな助言をしたが、最後の判断は常にクヌッドストープに任せたと言う。

「ケル・キアクの考えに沿わないものもあったと思うが、改革を進めるに当たって私が取るべきだと思った行動はすべて支持してくれた」

クヌッドストープはこう振り返る。無論、ケル・キアクにもそれ以外の選択肢はなかった。

生き残ることを優先する

米シリコンバレーの著名ベンチャーキャピタル、アンドリーセン・ホロウィッツの共同創業者であるベン・ホロウィッツの著書『HARD THINGS 答えがない難問と困難にきみはどう立ち向かうか』には、経営者の平時と有事における役割の違いについて、触れている記述がある。

「ビジネスにおける「平時」とは、会社がコア事業でライバルに対して十分な優位を確保しており、かつその市場が拡大しているような状況を指す。平時の企業は市場のサイズと自社の優位性の拡大にもっぱら注力していればよい。これに対して「戦時(筆者注:有事)」は、会社の存亡に関わる危機が差し迫っている状態だ。そうした脅威にはライバルの出現、マクロの経済環境の激変、市場の変質、サプライチェーンの変化などさまざまな原因が考えられる」

「平時のCEOは「勝利の方程式」を知っており、それに従う。一方戦時のCEOはそういった既成概念を打ち破らねば勝利できない。平時のCEOは広い視点で大局を見るが、実施の詳細については部下に大幅に権限を移譲する。戦時のCEOは、根本的な問題に関わるのであればチリひとつ放っておかない。平時のCEOは大量の人材を採用できる効率的なリクルート・マシンを整備する。戦時のCEOも同じことをするが、同時に人事部門は大規模なレイオフを断行しなければならない」

平時と有事における役割の違いを、自らの体験を基に説いたホロウィッツの言葉は、スタートアップだけでなく、すべての企業経営者に当てはまる。そして、レゴの当時の状況も間違いなく「戦時」と言えた。

就任直後、クヌッドストープに求められていたのは、まさに戦時のリーダーシップだった。

「外科医の妻の表現を借りるなら、当時のレゴは、文字通り瀕死の状態。さながら、救急病院に運ばれた緊急オペの必要な患者だ。まずは止血し、安静な状態を取り戻す必要があった。何よりも優先すべきは生き延びること。当時のレゴは巨額の負債によって青息吐息で、すぐに不良資産を取り除く必要があった」

クヌッドストープはこう振り返る。

緊急事態の下では、コンサルタントが得意とする理念の再定義作業や、成長のストーリーづくりはいらない。クヌッドストープはまず、生き残るために必要な構造改革をためらわずに断行した。

全社員の3分の1を削減

まず全社員の３分の１に当たる１２００人の人員整理を決めた。１人当たりの執務スペースを減らし、役員室にあった豪華なソファなどの装飾品も処分していった。

「満足に事業を継続できない会社が、子供に夢など与えられない」

社内ではあえて厳しい言葉を繰り返し、戦時のリーダーとしての役割に徹した。

前ＣＯＯのプローマン時代に広げた事業で採算の取れないものは、次々と撤退、あるいは譲渡を決めた。

レゴ直営店を閉鎖し、テレビゲーム事業は提携していたソフト会社に譲り渡した。レゴ製品も、既存の製品と互換性のない「ジャック・ストーン」などは生産を中止した。この時期、レゴの製品ラインアップは一気に３割も減った。

欧州に複数あった生産工場も閉鎖し、〝聖域〟としてケル・キアクが最後まで抵抗した「レゴランド」の経営権も、米国の投資ファンドに売却した。

猛烈なリストラクチャリングの結果、２００３年に87億デンマーク・クローネ（約１５７４億円）だった総資産は、２００５年には、70億デンマーク・クローネ（約１３０９億円）まで減少した。その多くが、不採算事業だった。

激しい事業売却を続けるなかで、クヌッドストープは幹部との間で、一つの取り決めをしていた。それは、成長はひとまず脇に置いておくということだった。

リストラは進んでいたが、決して油断できない状況だった。仮にこの厳しい局面で企業が再び成長すると、「危機は去った」という誤ったメッセージを社員に与えてしまう。

「問題は何一つ解決していなかった。だから、楽観ムードが社内に広がることは、何としても避ける必要があった」

そうクヌッドストープは振り返る。

再建の期限を明確に決める

一方で、リストラの期限は決めた。危機下で社員のモチベーションを維持するには、いつまでこの状況に耐える必要があるのか、期間を明確に示す必要があると考えていた。

まず、当面の3年間は成長を無視して事業の見直しを進め、とにかく生き延びることに集中する。それに成功したら、もう一度、成長のための組織とビジネスモデルの再構築に取り組む。

「すべてを同時に実現することは難しい」

そうクヌッドストープは社員に伝えていた。結局、広げすぎた戦線を縮小する〝撤退戦〟には、5年近くかかることになる。

「妻には毎朝、今日がレゴの最後の日になるかもしれないと伝えていた。しかし夕方には、何とか持ちこたえることができたと言って一日が終わる。気がつけば、あっという間に数年が経っていた」

必死の取り組みのかいあって、2005年に入り、ようやくリストラの成果が見え始めてきた。

2001年12月期に78億デンマーク・クローネ（約1224億円）あった有利子負債は2005年12月期には41億デンマーク・クローネ（約643億円）まで減り、ようやく危機的な事態を脱する光が見え始めていた。

緊急事態を切り抜けた手腕を評価され、再建の渦中にあった2004年、クヌッドストープは正式にレゴのCEOに就任している。

レゴブロックはピアノの楽譜

危機対応の傍らで、クヌッドストープはレゴ復活のための戦略づくりを進めていた。再建を任された直後から、ケル・キアクやCFOのオヴェーセンら幹部と本社の一室にこもり、再びレゴが成長するための道筋はどうあるべきかと議論を重ねていた。その本質は、ブロックを捨てようとして迷走したレゴの価値を再定義する作業でもあった。

脱ブロックで揺らいだレゴの価値をどう取り戻すべきか。

クヌッドストープら幹部は、毎日のように膝を突き合わせて議論を重ねた。前COO、プローマンの取った多角化の方針そのものは、決して誤っていたわけではない。問題は、脱ブロックをあまりにも急激に進めた結果、新事業よりも先に基幹ビジネスが弱体化したことにある。

レゴの強さの原点はやはりブロックにある。本来の強さを再構築するにはどうしたらいいのか。議論はこの一点に収れんしていった。

クヌッドストープは連日、無数の事業案を提出した。それをケル・キアクとオヴェーセンが検討し、フィードバックを与えていった。文字通り、ボクシングのスパーリングのようなやり取りが続いた。

「新しい事業案の大半は却下されるか再考を促された。しかし、その中で改めてレゴにとってブロックの価値がいかに大切かが、3人の共通認識として醸成されていった」

こうクヌッドストープは振り返る。

半年以上にわたる議論の末、3人は結論を出す。

それは、レゴの持つ本当の価値に資源を集中するというものだった。すなわち、ブロックへの回帰にほかならない。

レゴの価値とは「Building Experience（組み立て体験）」、いわばブロックで遊ぶことによって得られる楽しさを提供することである。ブロックの品質も誇るべき財産だが、それ以上にブロックを組み立てて作り上げる喜びに、子供たちは魅力を感じる。この点こそ、レゴが中心に置くべき価値だと定義した。

「レゴブロックは、分かりやすく言えばピアノの楽譜のようなものだ」

クヌッドストープはレゴについて、しばしばこう説明する。

ピアノは、作曲すれば自分で曲を作れるが、最初は手本の楽譜を使って練習し、演奏方法を覚えていく。

レゴのブロックもピアノと同じで、自由に音楽を奏でても楽しめるが、最初はさまざまな曲をお手本にしながら、楽譜を見て演奏していく。自由な発想でブロックを組み立てることもできるし、お手本を見ながら遊ぶ楽しみもある。

この両方の価値を提供できるのがレゴのユニークな点だ。

「玩具メーカーとしてのレゴは、まずは、子供たちが奏でたくなるような楽譜をつくることに集中すべきだ」

魅力的な楽譜を用意して、より多くの子供たちをひきつけること。それがレゴの本来の強さであり、真の価値でもある。

クヌッドストープらはこう結論づけ、本質的なレゴの価値を取り戻すための改革を進めていく。

ブロックの開発と製造以外はやらない

この見立ては、クヌッドストープ自身の体験からしても、正しいように思えた。

自分の子供たちも、何代も受け継がれてきたレゴで遊んでいる。親は自分たちが教えてもらった遊び方を子供たちに伝え、その方法は世代を超えて代々続いている。

つまり、レゴの遊び方は親子の数だけ存在する。親子がレゴを囲むきっかけをつくることができれば、レゴの遊びの可能性は無限に広がっていく。

さらに、この文脈に沿えば、ブローマン時代の〝遺産〟の一部をうまく引き継いで有効活用することもできる。

例えば「レゴスター・ウォーズ」。親世代もよく知る映画とのコラボレーションは、親子でレゴを遊ぶ格好の機会となる。子供だけでなく、親もスター・ウォーズという壮大なストーリーの中で自分たちの空想を膨らませ、夢中になってブロックを組み立てられる。

同じように、物語性のある作品とタッグを組んだプレイテーマを展開すれば、子供たちはもちろん、世代を超えて幅広いファンにさまざまな夢を与えられるはずだ。

一方で、クヌッドストープはプローマン時代の失敗からも学ぶべきだと考えていた。それは、自分たちが勝負すべき土俵を間違えてはいけない、ということだ。すなわちレゴはブロックの開発・製造から逸脱してはいけないと考えていた。

本質の価値が失われれば、レゴの存在意義は霧散してしまう。

テレビ番組や映画とのコラボレーション、ゲームなどの事業は子供たちにさまざまな形で物語を見せる有力な手段だ。しかし、レゴはあくまでも、ブロックを開発・製造して売ることに徹する。それが、自分たちが最も得意とする強みだからだ。〝楽譜〟はつくるが、それはあくまでもレゴブロックを購入してもらうという最終目標のためでしかない。

「レゴのビジネスは、レゴブロックの開発と製造から外れてはいけない」

クヌッドストープはこの時、やることとやらないことを明確に決め、レゴの経営の大原則として定めた。

ここまで決めると、その考えを社内にどう示すかが課題になった。単に掛け声だけでは、到底、社員の意識は変わらないだろう。こんなふうにやってほしいという、より具体的なロールモデルを示す必要があった。

幸運にも、その格好の手本となる製品が登場していた。

2001年に発売した「レゴバイオニクル」と呼ばれるシリーズだった。

子供はストーリーに魅せられる

バイオニクルは、マタ・ヌイ島と呼ばれる架空の孤島を舞台に、6人の主人公が、島を支配する邪悪な敵と戦うという物語だ。

6人はそれぞれ、大自然の力を意味する「エレメンタル・パワー」を備え、その力を増幅させる仮面を探し出すという使命を帯びている。暗くおどろおどろしい印象だが、陰のあるストーリーが逆に子供たちの心をつかんでいた。

製品であるレゴブロックは、ギアとボール関節と呼ぶ比較的新しい機構を取り入れ、当時、米国市場を中心に流行していたアクションフィギュアと呼ばれる領域の開拓を狙った。

魅力的なストーリーが原動力となり、レゴが挑んだ組み換えのできるアクションフィギュアは、子供たちからも強い支持を得た。

「レゴバイオニクル」のユニークな点は、製品開発だけではなかった。マーケティング面でも、オリジナルの物語をインターネット向けゲームや漫画、小説などを駆使して複合的に展開する手法を取り入れた。レゴにとっては従来にない露出方法で、これも子供たちの関心を大いにひきつけた。

さまざまな新しい試みが当たり、「レゴバイオニクル」は大ヒットを記録した。当時、スター・ウォーズやハリー・ポッターなどを除くレゴのオリジナル製品としては、過去最高の売り上げを達成。その後、10年以上続くロングセラーに発展していく。

経営不振の中に差した一筋の光明に、経営陣も沸き立った。クヌッドストープはこれを一つの成功モデルとして、その後の製品を展開していく。

開発期間が短くても良い製品は作れる

バイオニクルには、当時のレゴの開発体制に影響を与える重要なポイントがいくつもあった。

1つ目は、子供たちをひきつけるストーリーの存在だ。謎めいたバイオニクルの物語は、従来の平和な世界観を重視するレゴの路線とは一線を画すものだった。しかし、その独自の世界が子供たちを魅了した。従来のブランドのイメージを守るために世界観を統一することも大切だが、そもそもの物語に魅力がなければヒットは生まれない。改めて、テーマの重要性が確認された。

2つ目は、製品開発の進め方だった。「レゴバイオニクル」では、製品の評価を社内のデザイナーではなく、子供たちに主導してもらったのである。それまでも子供たちにヒアリングすることはあったが、最終的な判断にはデザイナーの意見と裁量が大きく影響していた。

しかしバイオニクルでは、この裁量の比率を逆転させた。社内だけで製品の概要を決めず、できるだけ細部にわたって子供たちに良し悪しを判断してもらったのである。耳を傾けるべきは、実際に製品で遊ぶ子供たちの声。結果的にヒットしたことで、ユーザーとなる子供たちの意見を取り入れる重要性を再認識した。

3つ目は、製品の開発期間を短期化したことにある。当時、レゴ製品の開発期間は、平均2年だった。時間をかけるほどいいものが作れると、多くの社員が信じていた。ところが、「レゴバイオニクル」は、シナリオを小説や漫画で展開するという新しい施策を導入したこともあり、半年に1度のペースで新作を開発する必要があった。少しでも開発期間を短縮し、効率を高めるため、製品の企画段階から、デザイナーだけでなく、マーケティングや生産現場の担当者も会議に参加するようになり、自然と組織横断型の開発体制が出来上がっていた。

「開発期間が短くても体制を工夫すれば良い製品は作れる。バイオニクルの成功を分解することで、レゴの開発に足りないものが徐々に見えてきた」

クヌッドストープはこう振り返る。

ヒット作が続く仕組みを構築

ヒントをつかんだ経営陣は、新しい製品開発プロセスの策定に乗り出す。狙いは、バイオニクルを単発の成功で終わらせず、継続してヒット作を開発する仕組みをつくることにあった。

試行錯誤の末に生まれたのが、製品を企画・開発する段階で検討すべきプロセスを一枚の俯瞰図にすることだった。

レゴはまず、製品開発の過程を要素分解することから始めた。

具体的には、「企画」「開発・製造」「マーケティング」「収益化」という4つのステップをたどる。

一方、商品のヒットは、これらの4つのいずれかのフェーズで新しいイノベーションを起こすことで作り出す。その起こし方は、「(既存のものを)改善する」「組み合わせる」「まったく新たに作る」という3段階がある。

商品化までの4つのステップとイノベーションの3段階を掛け合わせると、122

■ヒットを連続的に生む仕組み

（例）「レゴムービー」の場合

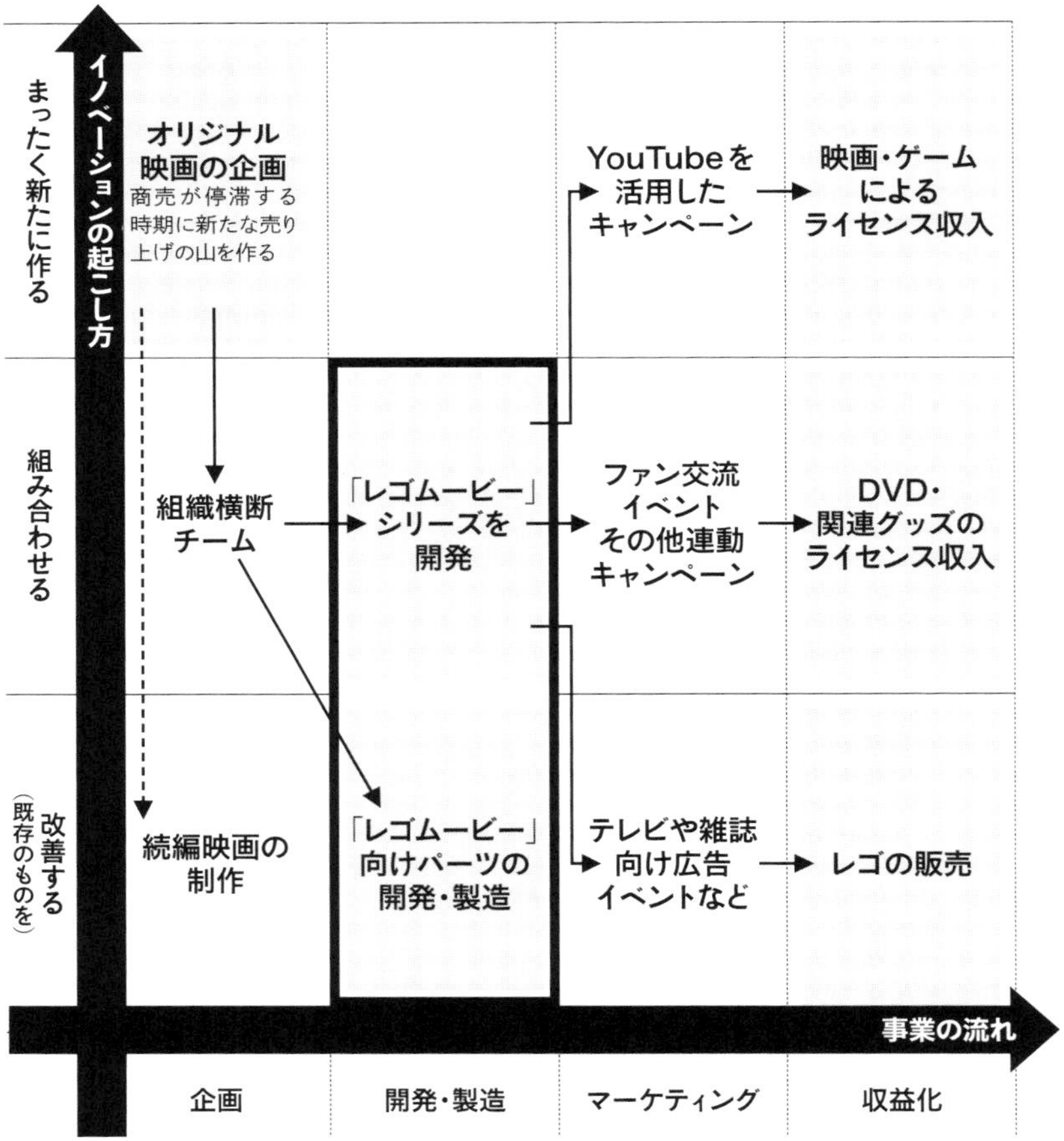

注：取材を基に、レゴの製品開発方法「イノベーション・マトリクス」を筆者が簡略化して作成

ページにあるような製品開発の見取り図ができる。社内では、商品開発の工程に関わるすべての要素を網羅するイノベーション・マトリクスと呼んだ。

新商品の開発責任者は、まず事業のどの段階で、どのようなイノベーションを起こせるのかを、マトリクス上に細かく書き込んでいく。

どこに革新のポイントがあるのか。それはどのステップで起こすのか。詳細を記載することで、商品が打ち出したい特性が客観的に理解できるようになる。

マトリクスのポイントは、ブロックの開発だけでなく、企画から販売まで、すべての活動をイノベーションの要素として位置づけていることにあった。

レゴはブロックの開発と製造に集中するが、イノベーションの範囲をそれだけにとどめる理由はない。このマトリクスを利用することで、商品の開発から販売に至るすべてのイノベーションを俯瞰し、把握できるようになった。

「レゴムービー」の隠された狙い

２０１４年に発売した「レゴムービー」シリーズを例に解説しよう。このシリーズの最大のイノベーションは、レゴ製品ではなく、オリジナル映画の公開時期にあった。

例年、玩具業界のかき入れ時は、クリスマスシーズンの11月〜12月である。レゴも例外ではなく、この時期は売り上げが最も跳ね上がる。

一方で、年明けの2月はクリスマス商戦の反動から、1年間で最もビジネスが停滞する時期とされている。玩具メーカーとしてはこの偏りをどう是正するかが、経営課題の一つになっている。

そこでレゴは、この時期に映画を公開することで、新たな売り上げの山をつくり出そうと考えた。

開発に当たり、レゴはバイオニクル以来培った組織横断のプロジェクトを発足させた。ブロックの企画と映画制作と連携するチームを社内で選抜し、プロジェクトチームを組んだ。

映画については制作会社とコミュニケーションを取りながら、公開と同じタイミングで、専用のレゴ商品が店頭に並ぶよう開発を進めていった。連動してマーケティングやイベントを企画したほか、関連グッズの販売なども展開した。

2月に公開した映画は結果的に大ヒットを記録し、2014年の世界興行収入でもトップ10に入る成績を収めた。映画のヒットを受け、クリスマス商戦後の販売が停滞するシーズンに、新しい売り上げの山をつくり出すことに成功した。その後も「レゴバットマン」や「レゴニンジャゴー」の映画を公開し、成功パターンを踏襲した。

映画を活用した販売のイノベーションの取り組みは今も続いている。2020年にはユニバーサル・ピクチャーズと映画製作に関する独占契約の締結を発表した。新たなシリーズの製作が現在も進んでいる。

「レゴスーパーマリオ」大ヒットの理由

最近では2020年に大ヒットした「レゴスーパーマリオ」も、このマトリクスの考え方に沿って開発が進められた。ここでのイノベーションとは、パートナーとの連携の形にあった。

レゴにとって、他社とのコラボレーションは従来、その世界観を忠実に再現することがヒットにつながる定石とされていた。「レゴスター・ウォーズ」しかり、「レゴハリー・ポッター」しかり。いずれも映画に登場するさまざまなシーンを丁寧に切り取り、ブロックで忠実に再現することで、ファンにその世界に浸ってもらうことを狙っている。

この定石に沿って考えれば、スーパーマリオの場合も、ミニフィギュア（ミニフィグ）を製作し、さまざまなコースを再現する形でよかったのかもしれない。ところが、そ

2020年に発売した「レゴスーパーマリオ」。スーパーマリオの多彩な「ワールド」を、子供たちが自分で作れる

れではありきたりで、何の革新性もない。レゴと任天堂が組む意味がないと、両社の開発陣は考えた。

「せっかくのコラボレーションなのだから、マリオならではの遊びを開発できないだろうか」

議論の末に行き着いたのが、マリオの世界を子供たち自身で作れるコンセプトだった。

「レゴはスーパーマリオのさまざまなワールドを再現するが、それはあくまでも一例。スタートからゴールまでの障害を、子供たちが自由に作れる設計にした」

開発を担当したレゴのジョナサン・ベニンクは言う。

子供たちは、オリジナルのワールドを想像しながら、レゴブロックで好きなコースを考えていく。レゴはその想像の世界が臨場感があふれたものになるよう、さまざまな細かい作り込みをした。

例えば、マリオは液晶ディスプレイを使い、感情豊かにさまざまな表情を見せられるようにした。ジャイロセンサーを組み込み、飛び跳ねたりする動きを感知し、効果音が小気味よく聞こえてくる。足元のカラーコードを読み込むと、コインを獲得したり、敵を倒したりするアクションにも対応した。

「マリオの世界に浸りながらも、子供たちは、物理的にレゴを組み立ててコースを作れる。デジタルゲームをレゴの世界観の中に溶け込ませたおもしろい製品になった」

こう、ベニンクは言う。

好みのワールドを作れる自由度が子供たちの心を捉えた結果、「レゴスーパーマリオ」は他社ブランドとのコラボレーション作品としては過去最大規模のヒットとなった。

小さな改善もイノベーション

レゴが構築したイノベーションを生むためのマトリクスには、レゴにとって3つの意味がある。

1つは、イノベーションを起こすべき対象を、ブロックの開発・製造だけではなく、すべてのビジネスの要素に広げたことだ。「レゴムービー」の革新性が映画制作と公開時期という企画の妙にあったように、ブロックの開発・製造以外でもイノベーションを起こせることを浸透させた。

一般に、自動車や家電といった製造業の場合、イノベーションというと、どうしても開発をしている製品の革新性だけに注目が集まりがちだ。レゴは、その視点を広げて、企画からチームづくり、売り方、儲け方まで、ビジネスの流れすべてにイノベーションの可能性を探る。

2つ目は、イノベーションが必ずしも大きな変化である必要はない、ということだ。イノベーションと聞くと、つい劇的な変化を想像しがちだ。しかし現実のビジネスでそのような変革が起こることは滅多にない。

一方で、小さな改善は普段から繰り返されている。クヌッドストープは、こうした小さな改善も立派なイノベーションであるということを、マトリクスを通じて社内に周知させた。

3つ目が、ヒットを生み出すノウハウの可視化と蓄積である。

「シティ」「フレンズ」「ニンジャゴー」など、レゴの主力シリーズはすべて、このマトリクスに沿って開発されてきた。それぞれのマトリクスは、製品ごとに蓄積され、開発後も貴重なデータとして活用されている。

「過去の製品のヒットしたケースや失敗したパターンを照らし合わせることで、新製品をどのように展開すればいいか、戦術を立てやすくなった」

当時を知るレゴの開発デザイナーは言う。

過去の知見を蓄積する

1990年代のレゴは、事業分野をあまりにも急激に多角化しすぎてしまった。イノベーション・マトリクスはその反省に立って設計したものだ。投入する資源をブロックの開発に集中し、毎回、どのように改良していくか関係者全員が確認できる仕組みを導入したのだ。

イノベーション・マトリクスでは、各製品にどの程度新しい価値が付与されているのかを可視化できるため、社内共通の見取図としても使うことができる。企画、製造開発、マーケティング、収益化など、多様な視点から商品化までの手順を俯瞰し、作り手は何が売りなのかを客観的に評価できるようになった。

この結果、個人やチーム、部門だけに閉ざされていたノウハウが共有できるようになった。

「ベストな製品を生み出し続けるには、これまでの知見を蓄積して、新しいものにつなげることが大切になる。イノベーション・マトリクスは、レゴのノウハウの蓄積となって新製品の開発に役立っている」

こう、クヌッドストープは胸を張る。

狙い通り、レゴの経営効率は大きく改善に向かった。

ヒットを生むためのイノベーションの要素を俯瞰しつつ、あくまでも事業の中心はレゴの開発・製造に据える。

ブロックの組み合わせを変え、マトリクスに沿って開発した新たな製品を毎年投入し続けることで、コンスタントにヒットを生み続ける。極めて効率のいい開発体制を敷くことができるようになった。

その成果は、数字にも現れてきた。商品の売り上げの効率性を示す在庫回転率は2003年12月期の8・1回から2013年12月期には13・9回に改善。製品を効率良く売り上げにつなげられるようになった。

デザイナーの意識を変革

イノベーション・マトリクスの導入は、大きな課題でもあったデザイナーの意識改革にもつながった。

レゴの商品力の源泉を担うのが、製品の企画を担当するデサイナーであることは以前にも触れた。ゆえにレゴ社内では、優秀なデザイナーは製品開発に対して事実上、何のルールも課されていなかった。

コストなどの制約もなく、デザイナーの思うままに自由に製品を開発できていた。それだけレゴのデザイナーには、積み上げてきた過去の実績と信頼があったとも言える。

しかし、レゴが経営危機に陥ってからは状況が大きく変わっていた。

クヌッドストープは、一連の改革を契機に、デザイナーにも初めて事業のルールを課すように迫った。

例えば、レゴの製品開発ではそれまで、デザイナーが使いたい色や部品をコスト度外視で自由に開発することができた。

当時、レゴが取引していた業者は1000社以上あったという。樹脂や色のメーカーは、それぞれがデザイナーと属人的につながっていて、同じ種類の樹脂を複数の業者から仕入れることも珍しくなかった。

「ムダも多かったが、誰もその実態を把握していなかった」

2012年から2017年までレゴのCFOを務めたジョン・グッドウィンは言う。

クヌッドストープはそれを廃止し、本当に必要な部品がある場合は、デザイナーの提案に対して、それぞれが投票し、不可欠であると認めたものだけを採用する形に変えた。


製品開発の体制も見直した。

それまでの製品開発では、デザイナーが強い主導権を握ることが多かったが、組織横断型のプロジェクトに変更して、それを改めた。デザイナーをマーケティングや生産部門などの担当者が参加するチームの一員として扱い、開発から完成までの情報共有を徹底するよう求めた。

「デザイナーは部屋に閉じこもっていてはダメで、積極的に外に出るべきである」

クヌッドストープはこう号令をかけた。

極めつきは、デザイナーにもコスト意識を持たせる仕組みを導入したことだった。

製品開発に当たって、開発担当者は、13・5%という製品利益率を下回ってはならないというルールを設けた。これを下回る開発は、役員会議で却下される。デザイナーもコストを考慮せざるを得ず、開発チーム全体で製品に使うレゴの部品（エレメント）の数などを減らして、原価を下げる努力を続けなければならない。開発期間も明確に定めることにした。期間は平均して、それまでの2〜3年から1年程度に短縮。収益に直結する数値目標を課していった。

すばらしい製品さえ手がけていれば、誰にも文句は言われない——。

かつてのレゴにおいて、デザイナーはそのクリエイティビティを評価され、強い力を持っていた。しかし、危機下では採算度外視の製品作りは許されない。

クヌッドストープはそれまで聖域とされたデザイナーにもコスト意識を植えつけ、仕組みで成果を管理し、仕事ぶりを科学的に評価するよう、製品作りの「近代化」を進めていった。

デザイナーはもはや、何でも好き勝手にデザインできるというわけにはいかなくなった。

制約があるからアイデアが生きる

当然のことながら、一連の改革は制約を受けるデザイナーたちの強い反発を招いた。

「レゴ製品の品質を下げかねない」

そんな声が大量に寄せられたという。しかし、クヌッドストープはあえてこう答えた。

「使えるモノが限られている時にこそ、アイデアが生きる。革新は、制約があるからこそ生まれる」

クヌッドストープはこう繰り返し、デザイナーの意識改革を促した。

もちろん、それで納得するデザイナーは少なかった。

「不満の声が渦巻いていた。モチベーションは下がるし、新しいやり方に挑戦するのは誰だって面倒なのだから」

当時を知るレゴのデザイナーはこう振り返る。

それでも、クヌッドストープは自分の考えを曲げなかった。当初、デザイナーたちはしぶしぶ会社の方針に従っていたが、やがてその枠組みの中からヒットが生まれ、会社が変わり始めると、少しずつ不満の声が消えていった。

クヌッドストープは畳み掛けるように、デザイナーの行動変容を促す組織を立ち上げた。

グローバル・インサイトという子供の行動を観察する組織を発足し、自分たちの顧客は誰なのかを再認識させようとした。

具体的には、製品開発のために実施する子供たちへのヒアリングの手法を大きく変えた。端的に言えば、調査から観察へ転換したのである。

「子供たちが一日、どんな生活をして、何を食べ、どう過ごしているのか。日常に密着して観察し、そこからインサイトを獲得していく」

組織の立ち上げに関わったレゴのソレン・ルンドは、こう説明する。

子供たちが何に興味を示しているのか。勝手な予断を持たず、まずは謙虚に観察することから始めようと考えたのだ。調査には、文化人類学者など、従来にないバックグラウンドの人間が参加した。

ほどなく、レゴのオフィスには、本社のあるビルン周辺だけでなく、デンマーク全域やドイツなどから、毎日のように子供が訪れるようになった。子供たちとデザイナー

が交流し、対話をする様子は、やがてレゴ本社の日常的な風景になっていく。

「それまでも、デザイナーは子供たちの声を聞いてはいた。しかし、自分たちは何でも知っているという殻からは、抜け出せていなかった」

こう、ルンドは振り返る。

観察し、課題を見つけ、それを解決するプロトタイプのレゴ製品を作り、子供たちに試してもらう。

こうしたプロセスは今では当たり前となり、本当に子供が望むものを探り当てる方法論は格段に進化した。それが、ヒットを生む原動力になっていく。

サプライチェーンの刷新に着手

製品開発のテコ入れと同時に、レゴはもう一つ、大きな課題にメスを入れた。それが、老朽化したサプライチェーンの刷新だった。

いくら良い製品を開発しても、それをタイムリーに子供たちに届ける手段を持たなければ、ビジネスとしては不十分だ。ところが、レゴのサプライチェーンは老朽化し、配送の仕組みは破綻寸前だった。特に物流インフラの刷新が喫緊の課題だった。

レゴが頼ったのは、スイスのローザンヌに拠点を置く欧州のビジネススクール、IMDの専門家だった。2005年、サプライチェーンの研究を専門にする教授、カルロス・コードンの下を一人のレゴ幹部が訪ねた。名前はバリ・パッダ。後にレゴのCEOとなる人物だった。

パッダがコードンを訪ねたのは、レゴのサプライチェーンを抜本的に見直す相談のためだった。

「(アパレルブランドの)ZARAを展開するインディテックスのような、高速サプライチェーンを構築したい」

挨拶もそこそこに、パッダはコードンに切り出した。

店舗で売れた商品の情報が随時、生産工場に届き、需給に応じて生産量を調整する。流通網とこれらの情報が連動し、最適な形で商品を届けられる——。

そんな理想とは裏腹に、当時、パッダはレゴのサプライチェーンの再構築に四苦八苦していた。

レゴのサプライチェーンの最大の課題は製品供給のキャパシティ不足にあった。ピーク時となる12月のクリスマス商戦では、需要に対してレゴ側の供給が追いつかなくなりつつあった。この時期に物流が滞ったり、生産が遅れたりすれば、業績の拡大は見込めない。

しかし、レゴは創業以来、大規模なサプライチェーンの見直しをしていなかった。拡張に拡張を重ねたツギハギだらけの供給網だったのだ。

「抜本的な仕組みは、30年以上変わっていなかった」とパッダは明かす。

創業当初は、多くの取引店舗が零細の玩具店だったため、レゴは長らく、小さな玩具店を相手にしたサプライチェーンを拡大してきた。具体的には、配送センターを欧州に複数配置し、そこからバラバラに商品を配送していた。

しかし、一度に配送できる数は限られる上、需要が足りなくなっても、別の施設から注文を融通する時間がかかるため、遅配が頻繁に発生し、効率は悪かった。

ブロック工場の生産体制も、大いに改善の余地があった。

例えば、本社のあるビルンのコーンマーケン工場のブロック成形機は統合的に管理されておらず、工場の職人が手動でブロックの製造を調整していた。注文も一元管理されておらず、需要予測すらできなかった。

「問題が複雑すぎて、どこから手を着けていいのか誰も分からなかった」

パッダは言う。

ツギハギだらけのシステムを捨てる

時代遅れのレゴのサプライチェーンを尻目に、小売業界には大きな変化が起きていた。

１９８０年代には零細の玩具店に代わり、米国ではウォルマートなどの大型量販店が登場。その売上比率が年々、高まっていた。加えてトイザらスといった大型玩具専門店も増えていた。

やがて売上比率は大きく逆転し、レゴの収益のうち、３分の２は大型量販店や大型玩具専門店の上位２００店舗で占められるようになった。

それなのに、レゴは１９９０年代になっても、既存の付き合いのある１０００以上の小売店との取引のために作った古いシステムを使っていた。

キャパシティと技術の両面において、早期にサプライチェーンを切り替えなければ、せっかくの回復基調に水を差すことになりかねない。

パッダは、コードンらＩＭＤの教授陣の助言を得ながら、問題を一つひとつ解決していった。

最優先事項はスピードだった。

「優れたパートナーがいるなら、積極的にアウトソースしてもいい。どんな方法でもいいから、サプライチェーンを最速で作り直す方法を探った」

パッダは振り返る。

まずは、事業パートナーを絞り込んだ。運送世界大手の独ＤＨＬと契約し、欧州10カ所以上に点在していた配送拠点を統合。配送網を整理し、効率良く製品を届ける体制に改めた。

ブロックの生産拠点も見直した。大型工場をより人件費の安いハンガリーに開設、規模のメリットを生かしてコストを抑え、ドイツなど欧州の大市場に対応することにした。

生産体制にもデジタル技術を組み込み、製造したブロックには、種類ごとにＩＤ（識別子）を付与して情報管理できるシステムを整備した。ブロック単位で管理することで、製品の在庫状況も可視化され、的確な需要予測が可能になった。

この結果、部品の融通が利くようになり、需要の急激な変動にも耐えられるようになった。３年の歳月をかけたサプライチェーン改革は実を結び、レゴは成長を加速させていく。

ようやく理念の再定義に着手

製品の開発と製造・サプライチェーンという両輪をテコ入れしたことで、レゴは、ようやく企業全体の歯車が回り始めるようになった。

その結果が表れてきたのが、2006年12月期の決算だった。売上高は77億9800万デンマーク・クローネ（約1745億円）、営業利益14億5000万デンマーク・クローネ（約296億円）。営業利益は前期に比べて約3・3倍と大幅に増加し、業績に改革の効果が着実に現れ始めた。

この頃から、クヌッドストープは「有事のCEO」から「平時のCEO」へと、少しずつ役割を変化させていく。

2006年に入ると、社内で理念の重要性を語り始めていった。

「組織が生きるか死ぬかの状況では理念もへったくれもない。しかし、緊急手術が終わり、呼吸ができるようになってくると、今後は社員に目指すべき方向を示す必要がある。社員に余裕が生まれ、自分がなぜこの会社で働くのかという意識を振り向けるようになるからだ」

こうクヌッドストープは言う。

レゴが今後、何を成長の原動力とするのか。いわば、そのベクトルを合わせる理念の再定義とも言えた。もっとも、それ自体は決して新しい作業ではない。レゴには、創業以来受け継がれているすばらしい理念があるからだ。クヌッドストープは、その資産を生かすと決めていた。

一つは、ブロックを通じて子供たちの創造力を養うこと。これを次のような言葉としてミッションに定めた。

「Inspire and develop the builders of tomorrow（ひらめきを与え、未来のビルダーを育む）」

もう一つは、常に最高の品質を追求し続ける姿勢だ。それを社内に浸透させるために、クヌッドストープは創業者のオーレ・キアク・クリスチャンセンが繰り返していた言葉をモットーとして定めた。

「Only the best is good enough（最高でなければ良いと言えない）」

未来のビルダーを育て、常に最高品質のものを提供する——。

ブロックの製造だけに集中し、デザイナーの意識を変え、ヒット商品を連発する仕組みを構築する。創業時の理念を再定義したレゴ社内には往年の活気が戻りつつあった。

ただし、クヌッドストープはまだ満足していなかった。今後もレゴが本当の意味でファンの期待に応える製品を生み続けるには、より広い視野でイノベーションを追求する必要がある。社内のデザイナーが生み出す製品を世に出していくだけでは不十分だと考えていた。

世界を見渡せば、レゴには無数の熱烈なファンがいる。彼らの豊富な知見は、レゴにとって、新しい価値を付加してくれる貴重な財産となるはずだ。折しも、インターネットの浸透によって、こうしたファンが集うコミュニティが、ネット上であちこちに生まれ始めていた。

クヌッドストープは、ファンの知恵を生かし、レゴに新しい価値を付け加える方法を模索していた。やがてそれはユーザーイノベーションと呼ばれる、従来にないユニークな開発方法としてレゴの復活を後押しすることになる。

Interview

変化に備えるために存在意義を問い直す

レゴ・ブランド・グループ会長

ヨアン・ヴィー・クヌッドストープ

Jørgen Vig Knudstorp

1968年11月生まれ。デンマークのオーフス大学卒業。英クランフィールド大学で経営学修士を取得。米マサチューセッツ工科大学の博士号を持つ。2001年にレゴに入社する前は、米コンサルティング大手マッキンゼー・アンド・カンパニーに勤めていた。2004年、35歳でレゴCEO（最高経営責任者）に就任。2017年1月からレゴ・ブランド・グループ会長。

――どん底だったレゴの業績を見事に立て直しました。

「子供たちの人生に、何かいい影響を与えたいという思いで、日々、経営をしていました。業績はその一つの評価であり、良いに越したことはありませんが、利益やキャッシュフローは酸素のようなものでもあります。生きていくために最低限の酸素は必要ですが、それ自体を求めて事業をしているわけではありません」

――昨今のレゴの売り上げを牽引している主力製品は、「プレイテーマ」と呼ばれるシリーズです。単なるレゴブロックではなく、テーマごとに異なる世界観を訴求し、そこに引き込むことで、結果的にレゴのファンになってもらう。機能ではなく、ストーリーで売るというマーケティング手法の実践とも言えます。

「確かに、レゴの業績を牽引しているのは、プレイテーマに代表される主力製品です。1980年代から、レゴの基本特許は各国で切れていますから、今では誰でも、レゴと同じようなブロックを製造できます。もちろん我々にはブロックの品質に対するこだわりがあります。しかしブロックの見た目は、競合他社と大きく変わることはありません」

――ブロックそのものは、コモディティとなっているわけですよね。

「そうです。では、数あるブロックの中からレゴを選んでもらうには、どうすればいいのか。1990年代、2000年代と我々はこの課題について必死に考え抜きました。その答えの一つが、プレイテーマの展開でした」

「私はよく、これをピアノと楽譜の関係に例えて表現しています。ピアノは、もちろんそれ単体で楽しめますし、楽譜がなくても弾くことはできます。けれど、楽譜があればまた違った楽しみ方ができますよね。自分の知らなかったさまざまな世界を知り、その世界観に浸ることができる。ピアノの楽しみ方が広がるわけです」

「レゴも同じ考え方に立っています。確かに、ブロック単体でも楽しめるけれど、我々がいろいろな種類の〝楽譜〟を用意することで、子供たちの楽しみ方を広げている。そして、楽譜を使って練習すると自分のオリジナルの曲が作れるようになるのと同じように、レゴもプレイテーマを通じて一度作り方を覚えてしまえば、後は自分の世界観を自由に作り上げることができます」

――2004年にCEOに就任した当時は、破綻の危機に瀕していました。

「当時、レゴを襲った大きな変化は2つありました。一つはブロックの基本特許が切れたことで、レゴよりも廉価なブロックが競合他社から相次いで発売されたということ。もう一つは、家庭用テレビゲーム機に代表されるデジタル玩具が登場したことです」

「それまでのレゴは、特に男の子向け玩具の中では、圧倒的な存在感を誇っていました。ブランド力もあり、知育玩具としての側面も備えていたので、親からの信頼も大きかった。ところが、そうした地位を脅かす環境変化の要因が、同時に複数現れたのです」

――米ハーバード大学のクレイトン・クリステンセン元教授の指摘する「破壊的イノベーション」ですね。

「今なら冷静に振り返ってそう言えますが、当時は急激な環境変化に対して即座に対応することができませんでした。それまで何十年も、レゴは子供にとっての定番玩具でしたから、まさか競合他社やテレビゲームの登場によって、レゴが破綻の瀬戸際まで追い詰められることになるとは、ほとんどの社員が想像もしていませんでした。ところが、１９９０年代後半から、レゴはみるみる売り上げとシェアを落としていきました」

――その状況を、どう変えていったのですか。

「1997年、当時のCEOだったケル・キアク・クリスチャンセンは、この状況を変えるために、外部から経営のプロを招聘しました。デンマークの高級オーディオメーカーを立て直した実績のある経営者が、レゴ再生の陣頭指揮に当たりました」

「彼がレゴの窮地を打開するために取った施策は、一言で言えば事業の多角化でした。1990年代後半、レゴはテレビゲームの開発、テレビ番組の制作、テーマパークの拡大、直営店の多店舗展開など、無数の新事業に乗り出します。大黒柱であるブロックの売上減少を補う収益源を、新事業に求めたわけです」

「一連の改革は、確かに一定の成果を収めました。例えば、映画『スター・ウォーズ』とのコラボレーションは、この時期に誕生しましたし、今でもレゴにとっての主力製品です。しかし、ほとんどの新事業は期待したほどの成果を生み出さず、赤字が続きました。振り返ってみれば当たり前だったかもしれません。それまで、レゴブロックしか開発してこなかった会社が、いきなりテレビゲームやテーマパークに乗り出して、成功できるわけがありませんから」

――新事業の失敗が響き、2004年にレゴは当期損失約18億デンマーク・クローネ

という過去最大の赤字に沈みました。CEOに就任したのは、そんなどん底のタイミングでした。

「個人的には、問題の所在は何となく分かっていました。組織が問題だと考えていたんです。最悪の業績なのに、誰もが満ち足りた顔をしていることに違和感を覚えていましたから。当時、私と一緒に再建を任されたCFOの言葉が忘れられません」

「こんなにひどい業績を見たのは生まれて初めてだ。何もかもひどい。まったく儲けが出ていない。売り上げの予測すら立てられない。なのに、誰もが満ち足りた顔をしている。これこそ不思議だ、と」

「過去のブランド力、子供たちへの影響力を過信するあまり、環境変化に対する感度が鈍っていました。それが、危機に対して迅速に対応できない根本的な理由だったのです。さらに急激に事業の多角化を進めた結果、レゴは何が強みで、何を目指すべきなのか、誰も分からなくなっていたんです」

「私がすべきことは、レゴは何のために存在する会社で、何をすべきかということを問い直す作業でした。進むべき方向を定め、そこに向かって社員を動かしていくということです。それがうまくいけば、レゴはかつての輝きを取り戻せると信じていました」

「しかしその前に、目の前にある経営危機を回避しなければなりません。再建は段階を分けました。まず、生き残るために徹底的なリストラをする。人員を整理し、テレビゲームや番組制作といった不慣れな事業から撤退し、創業家が始めたテーマパークの経営権も売却しました」

「ウォールームと呼んだ会議室を作って、あらゆる改革の進捗《しんちょく》を厳しくチェックしました。幹部が乗るクルマも派手なものにならないように細心の注意を払いました。とにかく、何をやるかではなく、何をやめるかという決断を次々と下していったんです」

「我々はもはや、自分たちが思っているほど偉大なブランドではない。売れない製品を作り続けて、果たして本当に子供たちの成長を助けていると言えるのだろうか。そう社内に発信し、社員の気持ちを引き締めていきました。私自身もそれは非常に苦しかったですが、ムチだと思って続けていきました。この時に注意していたのは、社員には生き残ることに徹してもらうため、あえて成長戦略は語らないこと。苦しい時期に売り上げが伸びると、何となく安心して改革に緩みが生じてしまいますから」

——リストラも確かに大変ですが、一度再建に失敗した組織を再成長に導くのも、かなり難しいように思えます。

「まずは多角化した事業をやめて、事業の的を絞る必要がありました。しかし当時は、その先の答えがありませんでした。製品開発、マーケティング、あるいは新事業……。何にフォーカスすればいいのか定まっていなかったのです」

「今なら、レゴは長年ブロックの開発と製造を続けていた会社なのだから、そこに強みがあると自信を持って言えます。しかし窮地の状況では、簡単そうに見える答えが見えにくくなるものなのです。本当に苦しい時期でした。先輩経営者、友人など、いろいろな人と意見を交わしました」

「そして、一つの方向が見えてきました。それが、創業者の理念に立ち返る、ということでした。創業者で木工職人のオーレ・キアク・クリスチャンセンは、子供たちにも大人と同じ高品質の製品を届けるという理念を掲げ、玩具開発を長年続けてきました。当初は木工玩具から、やがてレゴブロックと、組み立てシステムのイノベーションを生み出しました。その歴史を振り返った時、やはりレゴは、ブロックの開発・製造以外にはないと確信しました」

「重要なのは、創業者の理念をもう一度、組織に浸透させることでした。レゴという会社の存在意義は何か。〝子供たちには最高のものを〟という創業者の言葉は、それを端的に表していました。結果的に、私の仕事は創業者の言葉を今の時代に合った内容に再定義することになりました」

「まずは社員に、レゴの強みや、これまで提供してきた理念は何だったのかを調査しました。幹部で議論を重ね、ワークショップを開いて社員に参加してもらい、そこから目指すべき会社の理念を確認する作業を続けていきました」

「こうして再発見したのが、次の言葉です。『Only the best is good enough（最高でなければ良いとは言えない）』。正確に言えば、これは社内で掲げているモットーですが、改善を続け、常にベストのものを目指し続けるということです。ひと目見て分かる通り、創業当時と言っていることもやっていることも本質的には変わりません。しかし、私にとってはこのモットーにたどり着くまでのプロセスが大切でした。これは組織の宿命かもしれませんが、創業者が掲げた立派な理念も、時とともに薄れていきますから」

「だから重要だったのは、理念そのものを再定義するプロセスにあったと考えています。理念もある意味ではメンテナンスが必要なのかもしれません」

――10年後の子供たちの遊びはどうなっていますか？

「テレビゲームやスマートフォンのように、新しい技術によって子供の遊びは変化していくでしょう。しかし本質的な部分はあまり変わらないと思っています。勧善懲悪やライバルとの競争といったストーリーは、今も昔も子供を夢中にさせます。さらに、何かを集めるという行為は子供たちの関心をひきつける重要な要素です。価値の提供方法はテクノロジーの進化によってどんどん変わっていくと思いますが、子供が魅了される本質は変わりません。私たちは、これをファンダメンタル（基礎的）なパターンと呼んで、新製品を開発する重要な要素と考えています」

「将来は誰も正確に当てることはできません。我々が1990年代に陥ったように、破壊的イノベーションによって、いつ事業環境が変化するかは、誰にも予測できないのです。個人的な経験で言えば、そうした変化に備えるために必要なことは、予測することよりも、自分たちの存在意義を問い直すことだと考えています。それを出発点に、変化に則した戦略を構築すること。それが、イノベーションのジレンマを回避する、唯一の方策ではないでしょうか」

第5章

ヒットのタネはファンが知っている

日本人起業家と創った「レゴアイデア」

写真：日本人の提案から生まれた「レゴしんかい6500」。
ファンの間では「伝説のレゴ」と呼ばれている

神奈川県横須賀市に本部を置く国立研究開発法人、海洋研究開発機構（JAMSTEC）。国際地球観測などで世界有数の調査能力を誇るこのシンクタンクには、海洋ファンを魅了してやまない、ある作品が展示されている。

潜水調査船「しんかい６５００」。

１９８９年、深海に生息する生物調査などを目的に開発された潜水機で、有人の船体としては世界最深となる水深６５００ｍまで潜る耐久性能を誇る。頑強なスペックとは裏腹に、愛嬌のあるデザインで多くのファンをひきつけ、開発から約30年経った現在も、根強い人気を誇る。

しんかい６５００は初代機以降も改良が続けられ、今も現役の海洋調査船として、世界の海で活躍している。２０１７年には通算１５００回の潜航を達成した。

実はこの調査船が、危機に陥ったレゴの復活を後押しする新サービスに深く関わっている。

レゴと海洋研究開発機構――。

一見、何の関係性もなさそうな両者を結びつけたのは、横浜市に住む一人の男性だった。

海洋のすばらしさを表現したい

「あなたのアイデアがレゴ作品になる可能性があります」

２００８年の暮れのことだ。フリーのデザイナーだった永橋《ながはし》渉《わたる》はインターネットで偶然、興味深いサイトを発見した。

「LEGO CUUSOO（レゴ空想）」と呼ばれるそのサイトは、レゴが商品化できそうなアイデアを、一般の人々から幅広く募集するというものだった。

永橋の興味を引いたのはサイトの運営主体だった。一般のレゴファンではなく、玩具メーカーのレゴが直接関わっていたのだ。アイデアが一定数の支持を集めれば、レゴが本気で製品化を検討するという。

「これはおもしろそうだ」

サイトを回遊するうちに、永橋の興味はさらに高まり、やがて温めていたアイデアを提案することを決めた。そのアイデアとは、しんかい６５００の商品化だった。

永橋は特別なレゴファンというわけではなく、かといって海洋研究の専門家でもない。しかし、あることに頭を悩ませていた。

（どうすれば子供たちが、海洋の世界に興味を持ってくれるだろうか）

永橋は当時43歳。小学生になる2人の子供がいた。

ある時、たまたま参加した海洋研究開発機構の見学会がきっかけで、子供たちが、海洋の世界に関心を示すようになった。その姿を見て、何か知的好奇心を刺激するような活動がしたいと考えるようになった。

子供たちは、それまで海洋研究とはまったく縁のない生活をしていた。ところが、見学会から帰ってくると、夢中で海洋生物や探索船の図鑑に見入っている。

「ほかの子供たちも、きっかけさえあれば同じように海洋研究に興味を示すのではないか」

最近では科学に興味を失い、将来は研究者になりたいと考える子供が減っていると聞く。何か、機会を与えるようないい方法はないか――。

思案していたところに、「レゴ空想」の存在を知った。

しんかい6500をレゴで作れば、きっと子供たちも喜んで組み立てるに違いない。それが、海洋のすばらしさを知るきっかけになればいい。永橋はすぐに、試作品の製作にとりかかった。

「レゴ空想」でレゴを商品化する手順は、次のようなものだった。

①アイデアを提案するには、まず会員登録をし、「レゴ空想」のメンバーになる。
②商品化したいアイデアを、サイトに写真やイラストで提案する。その方法に決まりはなく、永橋が調べると、サイトには、スケッチや実際にレゴで組み立てた試作品など、さまざまな方法でアイデアが提案されていた。
③提案されたアイデアには、登録した「レゴ空想」メンバーが全員、「商品化されたら、購入したい」という意思を表明する一票を投じることができる。アイデアに投票した際、いくらなら購入したいかという具体的な金額も記入する。
④アイデアに対して購入したいと考える会員が一定数集まると、レゴが具体的に商品化を検討する。

永橋は、より具体的なイメージを持ってもらうため、イラストに加えて、レゴでしんかい6500を自作して訴えることにした。久しぶりに触るレゴに四苦八苦しながらも、童心に帰る楽しみを味わった。

世界のレゴファンから反響

完成した作品は、なかなかの出来栄えだった。

サイトに投稿すると、反応がすぐに返ってきた。神秘的な海を探索する海洋調査船というユニークなアイデアは、子供よりも多くの大人をひきつけた。

反響は日本だけでなく、世界中のレゴファンからも届き、永橋もその大きさに驚いた。しんかい６５００の投票数は、「レゴ空想」のそれまでの提案の中でも、群を抜くスピードで増えていった。

（自分のアイデアがこんなに支持を得るとは）

手応えをつかんだ永橋は、商品化に向けた活動にさらに力を入れた。商品化の最初のハードルは、まず１０００人の会員から購入意思を示す投票を集めることだ。

永橋は、開設していた自身のブログなどで投票の進捗《しんちょく》状況を積極的に公開した。海洋研究を専門にする大学教授らにも支援を依頼し、インターネットで活動を知ったユーザーにも投票を呼びかけた。

精力的な活動のかいあって、永橋のアイデアは２０１０年1月に目標の１０００人に到達した。結果を受けて、レゴは約束通り、しんかい６５００の商品化に向けた検討を開始することを発表した。

「海底の生物の探索は、宇宙と同様に神秘です。しんかい６５００のストーリーは我々にとって未知の世界であり、とても興味深いものでした。このレゴが商品化されることによって、より多くの人が、しんかい６５００やJAMSTECの仕事に関心を持つきっかけになることを願っています」

レゴはサイトを通じてメッセージを発信し、社内デザイナーによる製品化を進めることを報告した。そして1年後の2011年2月、約束通り「レゴしんかい6500」が正式に商品化された。

組み立ての説明書には、しんかい6500の歴史が日本語で解説された。巻末には商品化に投票した「レゴ空想」のユーザーの名前もある。このような解説書が付くのは、レゴの歴史始まって以来の出来事だった。同セットは現在は廃盤となっているが、「伝説のレゴ」としてファンの間で高く評価されている。

ファンの知恵も価値である

ファンの知恵やアイデアを、レゴの製品に取り入れる——。

第4章で見た通り、経営危機下、レゴのCEOに就任したヨアン・ヴィー・クヌッドストープは、再建のカギとして、自社の価値を再びブロックに回帰する取り組みを進めた。

イノベーション・マトリクスという新しい製品開発の仕組みを構築し、さまざまなプレイテーマによって幅広い世界観を提供する方策は成果を上げつつあり、レゴの主力事業は復活の糸口をつかみ始めていた。

ただし、クヌッドストープが再定義したレゴの価値は、単なる原点回帰にとどまらなかった。

従来の価値を取り戻すだけではコモディティ化し、同じ製品を開発できる競合他社や新たな競争相手であるテレビゲーム会社に勝ち続けることは難しい。

消費者の創造力を刺激する、新しい組み立て体験こそが、レゴの競争力の源泉である。そしてこの体験を考えるのは、何もレゴのデザイナーだけの仕事ではないと、クヌッドストープは考えていた。

誰もがデザイナーになれる時代

「レゴには、誇るべきファンが世界中にいる。彼らの中には、毎日レゴで遊ぶような熱烈なユーザーもいれば、永橋氏のようにユニークな理由からレゴに関心を持ってくれる人もいる。我々にとってはそのどれもが興味深いレゴの物語だ」

折しも、インターネットによって物語の可視化が加速していた。それまで自宅に飾っていた自慢のレゴ作品を、ファンが次々とネットに投稿し始めていたのである。その多くは趣味の域を出なかったが、中には商品化できそうな魅力的な作品もあった。

これまで、レゴ製品は社内のデザイナーだけが作り出すものという暗黙の前提が存在したが、クヌッドストープは変化を敏感に感じ取っていた。永橋のように、ネットによって誰もがデザイナーになれる可能性がある。そんな時代にふさわしい、ファンの知恵を取り入れた新しいレゴの開発方法を構築したいと考えていた。

「カギを握るのは、ファンのコミュニティだ」

今でこそ、フェイスブックやリンクトインのようなSNSが普及し、インターネット上には共通の趣味を持つ人が集まる場がいくつもある。しかし、レゴにはそれらが登場するはるか前から、ファン同士の濃密なコミュニティが存在していた。

特に大人のレゴファンは「AFOL（Adult Fans of LEGO）」と呼ばれる強力なファン同士のネットワークが存在していた。

このコミュニティでは、レゴの製品やイベントに関する話題から、自作したレゴ作品の展示まで、あらゆる情報がやり取りされている。レゴを巡るさまざまな意見やアイデアが日常的に交わされていた。

レゴ自体は、こうしたユーザー同士のコミュニティの存在を認識してはいたが、交流はあくまで、一部の社員が自主的に参加する程度にとどまっていた。

しかし経営危機をきっかけに、レゴの幹部は、ユーザーとの対話の重要性を再認識する。徐々にそれまでの方針を転換し、本格的にファンとの交流を始めるようになっていった。


2005年8月、クヌッドストープは米国のジョージ・メイソン大学で開催されたファンの交流会「ブリックフェスト」に、ケル・キアクとともに参加した。

短時間の視察の予定で切り上げるつもりだったが、会場でファンが2人の姿を見つけると、瞬く間に人だかりができた。レゴのCEOと創業3代目の来場を知ったファンたちが集まり、即席の対話集会が開かれることになった。

「みんな、それぞれのレゴに対する思いを披露してくれたし、鋭い質問も次々と投げかけてきた。誰もが興奮していた」

クヌッドストープは振り返る。

対話集会は3時間以上も続いた。ケル・キアクとクヌッドストープは、ファンがそれぞれレゴに関する自分だけの物語を持っており、それ自体がレゴの魅力になっていることを改めて理解した。そして、レゴの価値について次のような確信を持つに至る。

レゴの本当のすばらしさを知っているのは、ほかならぬファンである。彼ら・彼女らは、社内のデザイナーが思いもつかないような斬新なアイデアを持っているし、それを一日中考えていられるほどの愛着もある。こうしたファンとの距離を縮め、アイデアをすくい上げる努力を続けるべきだ――。

イノベーション・マトリクスの欠点

クヌッドストープが経営のリーダーシップを取ってから3年が経った頃には、製品開発のイノベーション・マトリクスはほぼ社内に定着していた。開発の手順が標準化されたことで、組織横断でイノベーションを検討できる仕組みが整えられていた。

ただし、このイノベーション・マトリクスには欠点もあった。それは、この手順が、ある程度の売り上げ規模を見込める製品の開発を前提としていたことだった。

第4章で見た通り、イノベーション・マトリクスを使ったプロジェクトは、どうしても大きな売り上げを見込める製品が優先される。マトリクスは企画から収益化までの一連のプロセスを俯瞰するためのもので、新しい分野やカテゴリーに挑むような、実験的な製品のアイデアを生み出すためのものではないからだ。

主力製品の継続的なイノベーションはもちろん大切だ。だが一方で、これまでの路線を超えるような挑戦的な開発にも取り組まなければ、中長期的には、レゴのイノベーションは停滞してしまう。

ヒットするかどうか分からないが、当たればホームランになるかもしれない。そんな野心的な製品を発掘する手段を見つけ出す必要があった。その可能性の一つとして、クヌッドストープはファンの持つ知見に期待していた。

「発想に何の制約もないファンのアイデアは、レゴが考えたこともない新しい価値を生むきっかけをつくってくれるかもしれない」

ファンの声を基にしたユニークな開発手法を開拓する――。

当時、その任務を任されていたのが、レゴで新ビジネス開発を担当していたポール・スミス・マイヤーだった。

スミス・マイヤーはレゴにデザイナーとして入社したが、2003年にレゴが立ち上げた組織「フロントエンド・イノベーション」で新事業の立ち上げを任されていた。

パソコン上で好きなレゴを組み立てる

ファンの声をどのようにレゴの開発に取り入れるのか。スミス・マイヤーのチームは徹底的に現場を歩いて、そのヒントを探した。

世界中のレゴファンのイベントに参加したり、レゴ好きのスタートアップ経営者たちと交流したりする中で、ユーザーのアイデアを形にするさまざまな手法を見つけた。そして、ある一つのアイデアを実際に試してみることを決める。

「熱狂的なファンが世界中に点在しているのなら、彼らのアイデアを、彼ら自身で形にできるツールを開発してみてはどうだろう」

２００５年、レゴは新たな取り組み「レゴファクトリー（後にレゴデザイン・バイ・ミーに名称変更）」と呼ぶサービスを開始した。

目玉は、パソコン上で仮想的にレゴブロックを組み立てられるソフトウエアを、無料で提供したことにあった。

このソフトを使えば、ユーザーはパソコン上でデジタルのブロックを組み立ててレゴ作品を製作できる。ブロックを組み立てる順番も記録しているため、そのプロセスを組み立て説明書として出力することもできた。完成した作品は、ギャラリーと呼ばれる仮想空間に飾れるほか、実際のレゴブロックのセットとして注文し、購入できた。毎週の投票によって優秀作品を選び、人気モデルはレゴが商品化するという仕掛けも用意し、自分以外のユーザーが作ったオリジナル作品を買うこともできた。

ユーザーが自分自身のアイデアを形にできるのはもちろん、現物のオリジナル作品を手に入れることもできる。当時の情報技術をフル活用し、それまでにない価値を提供できるようにした。

アイデアが事業として広がらない

「レゴファクトリー」は、ユーザーのアイデアを拾い上げる方法としては、よくできた仕組みに思えた。スミス・マイヤーもレゴチームも、ファンが積極的に利用してくれることを期待した。

ところが、サービスはさほど盛り上がらなかった。

理由の一つは値段にあった。「レゴファクトリー」で作った作品は手軽に買えるとは言い難い値段だったのである。

「レゴファクトリー」では、作品1つから注文を受け付けて、商品として発送していた。同じ商品を量産している既存の商品に比べればスケールメリットが働かないため、コストはどうしても割高になってしまう。その結果、通常セットよりも平均で3〜4割ほど高い価格になっていた。

また、「レゴファクトリー」に投稿されたアイデアは、個別性やマニア性の高いものが少なくなかった。

誰もが欲しいと思うような製品はあまり投稿されず、「レゴファクトリー」のユーザーは一部の固定ファンに限られていた。このため利用者の裾野が広がらず、サービスは盛り上がりに欠けた。

新しく開発したソフトも、初心者には難解だった。自分の手を動かすようにブロックを組み立てるわけにはいかず、難しい操作にユーザーは不満を抱き、次第にソフトから遠のいていった。

レゴはソフトの改良を続けたが、結局ハードルの高さを解消するには至らなかった。レゴファクトリーは採算の合うビジネスにはほど遠かったのである。

「開始から1年ほど経って、サービスが盛り上がらない理由は何となく見えてきた。しかし、それをどう解消すればいいのか、妙案がなかなか浮かばなかった」

こう、スミス・マイヤーは振り返る。

このままでは、プロジェクトが中止に追い込まれてしまう。

それでも、スミス・マイヤーはユーザーの声を吸い上げる開発手法の構築にこだわった。これまでのレゴの迷走の一因は、ファンの声に真摯に耳を傾けてこなかったことにあると感じていたからだ。

「レゴファクトリー」では、想定していたようなユーザーのアイデアを吸い上げる仕組みを作ることが難しい。何か、別の形でファンのアイデアを吸い上げつつ、レゴ側も売り上げが立つような方法はないものか。

スミス・マイヤーは何度も現場に足を運んだ。

スタートアップの集まるカンファレンスやレゴファンの集い、大学教授のフォーラム……。少しでもヒントになりそうなイベントを聞きつけるたびに、自ら出向いて人に会い、調査を重ねた。

そんななか、スミス・マイヤーらのチームは米国で、ある日本人の講演を開く機会があった。これが、問題解決の突破口となった。

日本人起業家との出会い

2006年、米西海岸のグーグル本社で「オープン・アンド・ユーザー・イノベーション・カンファレンス」と題したイベントが開催された。

企業が、社外の組織や個人といかにイノベーションを起こすかを主題としたカンファレンスで、研究者や企業が世界各地から参加し、年に一度、開催されていた。主宰していたのは、ユーザーイノベーションの概念を提唱した人物として知られるマサチューセッツ工科大学（MIT）教授のエリック・フォンヒッペルら、同分野を研究する最前線の学識者たちだった。

レゴはこのイベントで、ユーザーのアイデアを形にするサービスの例として、「レゴファクトリー」を披露する予定だった。そして同じ日、ある日本人の起業家が展開していたサービスも紹介されることになっていた。

男の名は西山浩平という。当時36歳、日本でエレファントデザインというスタートアップを創業し、「空想生活」と呼ぶオンラインサービスを展開していた。

幼少期を南米コロンビアで過ごし、帰国して東京大学を卒業した西山は、従来の日本の常識にとらわれないアグレッシブな起業家精神を持つ人物だった。大学卒業後は、米マッキンゼー・アンド・カンパニーに入社し、コンサルタントとして経験を積んだ。

1994年から約3年間、情報通信・メディア業界担当として、後にディー・エヌ・エー（DeNA）を創業した南場智子らとともに、通信分野の新規事業の立ち上げプロジェクトなどに従事した。この時期の経験で、西山はインターネットの持つ可能性を強く感じたという。

その後、以前から温めていたビジネスアイデアを形にすべく、起業を決断する。1997年、ネットを活用したユーザー参加型の商品企画会社、エレファントデザインを仲間とともに創業した。

エレファントデザインが手がける空想生活の仕組みは、冒頭に紹介したレゴ空想のベースとなったものだ。

サイト内ではさまざまなテーマを用意し、「こんな商品が欲しい」というアイデアを会員から募る。アイデアはサイトで公開され、それに対して、プロのデザイナーや主婦、学生らが具体的なデザインに起こしていく。

その作品に対して、会員は意見や批評を重ね、作品としての価値を磨き上げていく。最終的に新製品のデザインや機能がまとまり、機が熟した段階で、会員は商品化の是非を投票で決めることができる。そして賛成票が一定数を超えると、メーカーに生産を依頼する。

「消費者は、自分があったらいいなと思える商品を、実際に形にしてもらえるメリットがある。メーカー側も、アイデア段階から販売価格について意見を聞いているので、どのくらい作ればいいかという生産量のメドが立ち、採算を合わせやすい。初期投資や在庫リスクを抑えられ、双方に利点がある」

こう西山は説明する。

プラットフォームを提供するエレファントデザインは、実際に売れた商品の1～5％を手数料として受け取って収益化を図っていた。

ユーザーの共感を集める仕組み

ユーザーからアイデアを募り、一定のユーザーの支持が集まれば商品化する。その本質は「クラウドファンディング」と呼ばれる仕組みと同じだ。今でこそクラウドファンディングは日本でも一般的に知られるサービスとなったが、西山はその言葉が知られる10年以上も前から、これに近い取り組みを始めていた。

西山が開拓したユーザーのアイデアを活用した商品開発というコンセプトは、その後、大手企業の目にも留まる。

その一社が、「無印良品」を展開する良品計画だった。空想生活に興味を持った同社は2001年にエレファントデザインの仕組みを良品計画のサイト「MUJI.net」に組み込んだ。

成果はすぐに表れ、「持ち運びできるあかり」「体にフィットするソファ」「壁棚」などのヒット商品が生まれた。後に西山の紹介によって関係を築いたレゴと良品計画は、「紙とあそぶレゴブロック」などの共同開発商品を2009年に発売している。

西山の推進するユーザー主導のイノベーションは、当時、学術界からも注目されていた。

その一人が神戸大学教授の小川進だった。日本のユーザーイノベーション研究の第一人者として知られ、MIT教授のフォンヒッペルは小川のメンターだった。

小川は西山のユニークなユーザーイノベーションを、2006年に学術誌『MITスローン・マネジメント・レビュー』に発表した。

この論文に興味を持ったフォンヒッペルが、西山を先に触れた「オープン・アンド・ユーザー・イノベーション・カンファレンス」に招待したのだった。

課題は何か、すぐに分かった

奇しくもイベントでは、レゴのプレゼンテーションの後に西山が登壇した。

西山は、レゴの話を興味深く聞きながら、一方で、「レゴファクトリー」が抱えているであろう問題を見抜いたという。

「自分自身の経験からも、『レゴファクトリー』の仕組みで規模を拡大するのは難しいだろうと想像できた。ユーザーから提案されるすべてのアイデアが、必ずしもすばらしいとは限らない。数ある提案の中から本当に良いものを選り分ける仕組みが必要だろう、と」

西山は振り返る。

レゴに続いて始めたプレゼンで、西山は内容を少し変え、レゴファクトリーが抱えているであろう問題にも触れた。同時に、空想生活はその問題をどのように回避しているのか、丁寧に紹介した。

「空想生活は、すべてのアイデアを形にするのではなく、一定の支持を集めたアイデアに絞って製品化を検討します。さらに投票の時点で『いくらなら購入したいか』をリサーチしておくことで、消費者が期待する価格帯も把握できます。従って、メーカーはより採算の合わせやすい商品に開発を絞ることができるのです」

直感的に、自分たちのプラットフォームであれば、レゴの抱えている課題を解決できると西山は感じていた。レゴの担当者が身を乗り出して聞き入っていることは、西山にも分かったという。

講演が終了すると、予想通り、レゴのチームが駆け寄ってきた。

「ぜひ、もっと話を聞かせてほしい」

世間話もそこそこに、レゴの担当者は空想生活のプラットフォームについて細かな質問を次々と投げかけてきた。後日、すぐにレゴからミーティングのアポイントメントが入った。

西山はビルンの本社などで会議を重ね、2008年11月に実験サービスを開始することで合意する。

それが、本章の冒頭に登場した「レゴ空想」だった。最初の3年間は日本語のみでサービスを展開し、その結果を見極めた上で、世界展開するかどうかを判断することにした。

「レゴ空想」の展開に当たって、レゴは「レゴファクトリー」で運用していたルールを見直した。従来は、「レゴファクトリー」の作品を商品化しても提案者は無報酬だったが、「レゴ空想」では報酬を出すことにした。その最初の成果となったのが、２０１１年のしんかい６５００だったのだ。

「日本のユーザーのアイデアがなければ、このような興味深い世界を商品化しなかった。レゴのデザイナーの力だけでは、決してしんかい６５００が生まれることはなかっただろう」

スミス・マイヤーは言う。

しんかい６５００の誕生後も、日本の小惑星探査機「はやぶさ」のモデルを商品化するなど、「レゴ空想」からユニークな作品が次々と生まれた。実験期間を経て英語版がスタートすると、参加ユーザーは飛躍的に増え、投稿の質・量ともに急拡大した。

「レゴマインクラフト」を掘り当てる

ただし、開始当初、「レゴ空想」はデンマークのレゴ幹部にとっては数多ある実験的なプロジェクトの一つにすぎなかった。

「レゴ空想」は確かに、レゴファクトリーの課題を克服したが、経営陣が認めるほどの爆発的なヒットのタネを発掘できていなかったからだ。

ところが、ほどなくしてそんな認識を覆すヒットが誕生する。

２０１１年にファンのアイデアとして投稿されたオンラインゲーム「マインクラフト」をテーマにした作品だった。

マインクラフトは、スウェーデンのプログラマーであるマルクス・ペルソンが開発したネットワーク型のシミュレーションゲームである。

仮想の世界で、レゴのようなブロックを使って家や建物などを構築し、ユーザーが自由に思い描く世界を作っていく。さながら、レゴブロックを仮想空間に積み上げていくようなイメージで、実際に多くの利用者がマインクラフトを「デジタル版レゴ」として認識し、楽しんでいた。２００９年のサービス開始以降、熱狂的なファンを獲得し、ユーザーは世界中に広がっていた(ペルソンが興したマインクラフトの開発会社モヤンは、2014年9月に米マイクロソフトに買収されている)。

マインクラフトの人気拡大とともに、ファンの間では、実物のレゴでマインクラフトの世界を再現したいという声が高まっていった。このニーズを受け、レゴはいったんはマインクラフトの商品化を検討したが、さまざまな理由で企画は頓挫《とんざ》していた。

しかし、その間にもマインクラフトのレゴ版を実現してほしいというニーズはファンの間で着実に高まっていた。レゴがなかなか重い腰を上げないなか、あるユーザーが「レゴ空想」でその希望を叶えようとした。マインクラフトの世界をレゴで再現したセットを提案したのだ。

ファン発の「レゴマインクラフト」というアイデアは、オンライン上で瞬く間に話題を呼んだ。世界中のファンが大挙してアイデアを支持し、「レゴ空想」で商品化に必要な投票数の1万をわずか2日で突破した。そのまま2012年には製品版が誕生した。

レゴ版マインクラフトの反響は大きく、その結果を見たレゴは、製品を正式なプレイテーマに昇格させることを決めた。現在も、「レゴマインクラフト」はプレイテーマ全体の中でも有数の人気シリーズになっている。

「いずれファン発のヒットが生まれるだろうという予感はあったが、まさか、これほどすぐに結果が出るとは思ってもみなかった」

こう言って、スミス・マイヤーも驚く。

ユーザーイノベーションの権威であるMIT教授のフォンヒッペルも、レゴ空想は興味深い仕組みだと言う。

「ユーザーは企業が思っている以上にクリエイティブで刺激的なアイデアを持っている。ユーザーの声を生かせば、企業は自社内ですべてのイノベーションを手がける何倍もの効能を得られる。『レゴマインクラフト』は、その際たる例だ」

２０１４年、レゴはエレファントデザインから「レゴ空想」事業を買収し、自社サービスとして本格的に展開することを決めた。サービス名を「レゴアイデア」に変更し、世界中から提案を募るプラットフォーム・サービスに衣替えした。

その後も、「レゴアイデア」からは『バック・トゥ・ザ・フューチャー』『ゴーストバスターズ』といった映画をテーマにした作品や、米航空宇宙局（ＮＡＳＡ）の女性宇宙飛行士やグランドピアノなど、ユニークな商品が次々と生まれている。

熱烈な支持者から一般のファンまで、サイトには今も幅広いユーザーの知見が投稿され続けている。

ファンとの共創が生んだ「レゴマインドストーム」

「レゴアイデア」によって、ファンのアイデアを取り込む新しいイノベーションを仕組みとして取り入れたレゴ。実はこのプラットフォームの登場以前から、レゴはユニークなオープンイノベーションの試行錯誤を続けてきた。

「レゴ空想」が社内で受け入れられたのも、過去のさまざまな経験の蓄積があった面も大きい。

ユーザーの知見を活用した製品開発の最初の成功例が、１９９８年に発売した「レゴマインドストーム」だった。

マインドストームは、モーターやセンサーを内蔵したレゴブロックを使って、ロボットなどを作れる上級者向けのセットだ。10～12歳を対象としたプログラミングロボットの入門的な位置付けの製品として開発され、２０２０年にも最新版が登場した。現在もプログラミング教育の教材として不動の人気を誇っている。

１９９８年当時、プログラミング言語を使ってロボットのレゴを動かすというコンセプトは、従来のレゴ製品にはないユニークな特徴として、大きな反響を巻き起こした。キットには、ロボットを制御するためのモーターやセンサー機構を備え、15種類ほどのプログラムが動くソフトを用意しており、パソコンから、ロボットを操作できた。

しかし、発売から1週間も経たないうちに、レゴの経営陣が想定していない事態が発生する。米スタンフォード大学の学生が、レゴのプログラミングソフトを解析して、好きなようにプログラムを書き換える方法を発見したのである。

学生はソフトのコードをインターネットで公開し、マインドストームのファンが集うサイトに改良したソースコードを次々と投稿していった。

すると、それを見た世界中のファンや学生がおもしろがってさらに改良した。

気がつけば、ネット上にはさまざまなコードがあふれ返り、ユーザー発のオリジナルロボットが次々と生まれていた。

ブラックジャックに挑戦するロボットや、勝手にパズルを解くロボットなど、学生たちが歓喜して勝手に作り上げた独自のマインドストームが、次々とファンのサイトやブログで拡散され、自己増殖を続けていった。


「勝手にレゴ製品に手が加えられている」

当初、レゴの経営陣はこの事態に慌て、激怒した。

「経営陣は、レゴのブランドを毀損する上、開発中の商品と競合することを恐れていた」

当時、マインドストームの開発を担当していたレゴのソレン・ルンドは振り返る。

一時は、大々的に改変ソフトを配布するユーザーに抗議文を送り、訴訟も辞さない強硬手段を取ることも検討していたという。

「レゴは、ただの学生が、自分たちを超えるようなすばらしいアイデアを持っていると認めたくなかった。なぜなら、それは自分たちの敗北を意味するからだ。製品の開

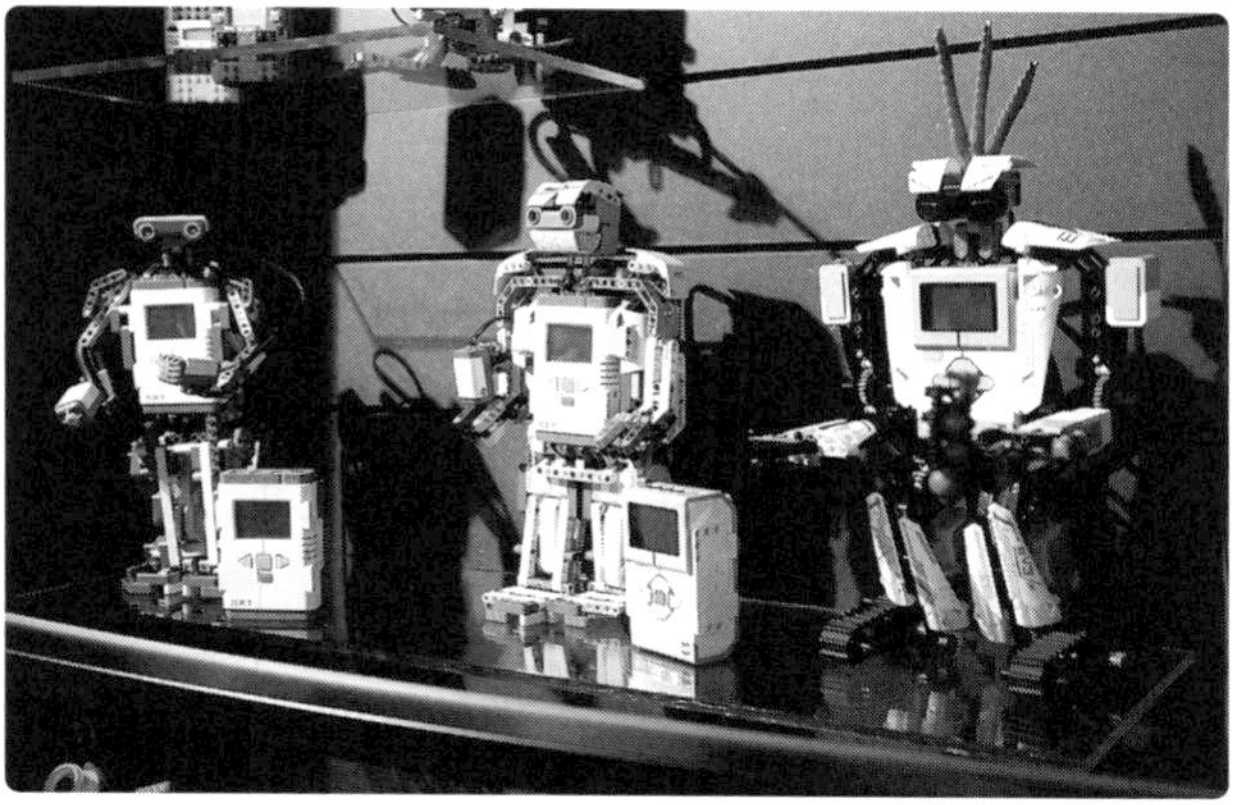

ファンのアイデアを受け入れて大ヒットした「レゴマインドストーム」シリーズ

発において、自分たちがユーザーより劣っていることは、絶対に認めるわけにはいかなかった」

こうルンドは説明する。

しかし、次々と生まれるソフトを見ながら、現実を受け入れるべきだという意見も徐々に出てきた。

当初は、不正と思えたプログラムの改造は一向に収まらなかったが、同時に、興味深いことが分かってきた。

プログラムを自分たちで改造できるという自由度に魅了されて、幅広いユーザーが次々にマインドストームの開発に参加していたのである。その中には、レゴでしばらく遊んでいなかった人も多く含まれていた。幼少期にレゴで遊んでいたユーザーが、マインドストームを機に

再び レゴを手にするなど、ファンの裾野をぐんと広げていた。

見方を変えれば、学生たちは、レゴだけでは思いもつかなかったようなアイデアを勝手に開発してくれている。そのインパクトは、レゴにとっても大きなメリットになるのではないか——。レゴも次第にこう考えるようになっていた。

ソフトを改良してもいい権利を付与

レゴの経営陣は議論の末、考え方を転換することを決めた。

勝手に改変されるプログラムに警告を出すことをやめ、しばらく様子を見ることにしたのである。その後、もう一歩踏み込み、ユーザーがレゴのプログラムを全面的に改良することを正式に承認すると決めた。

そして、マインドストームのソフト改良を奨励し、わざわざ「ソフトを改良してもいい権利」をライセンスに盛り込んだ。

レゴの新しい方針にユーザーは歓喜した。興味深いことに、方針転換後、マインドストームの利用者はさらに膨れ上がっていったのである。

世界各地で、改良したソフトで作ったマインドストームを見せ合うようなイベントが開催されるようになり、ファンの交流は活性化した。自作したプログラムで動くマインドストームのロボットを持つファンたちは、大挙してイベントに押しかけた。新方針がユーザーに受け入れられたと分かると、レゴも積極的にこうしたイベントを応援するようになった。

ユーザーの声を反映し、製品戦略を変更した結果、ファンのコミュニティは一気に盛り上がった。

子供たちは、レゴを使って自分だけの遊び方を生み出すことができる。レゴが示す遊び方は、ほんの一例に過ぎない――。かつて、創業2代目のゴッドフレッド・キアク・クリスチャンセンが提唱した「遊びのシステム」の本質をレゴは改めて認識した。

これを受けてレゴは、ファンのアイデアを製品開発に取り込む活動をさらに進めていく。

製品開発にファンを招待する

「あなたをレゴ本社に招待します」

２００４年、米インディアナ州に住むソフトウエア技術者、スティーブ・ハッセン

プラグの下に、デンマークのレゴ本社から一本のメールが送られてきた。

ハッセンプラグは熱烈なレゴファンで、特に「レゴマインドストーム」のファンコミュニティでは、米国中にその名が知られていた。ただし、招待の理由は現地で守秘義務契約にサインしない限り、説明できないという。

思わせぶりなメッセージの正体は、次世代版マインドストームの開発に協力してほしいという要請だった。その関わり方はハッセンプラグが予想していたよりもずっと大きかった。

開発に対する金銭報酬はゼロ。厳しい守秘義務契約を結ぶ必要があったが、製品化にこぎつけることができれば、開発者の一人として名前が残るという。ファンにとって、これほど名誉な提案はない。

1990年代後半、マインドストームは第2世代の開発が始まっていた。

ここで、レゴは新しい実験を試みた。それは、ハッセンプラグのような熱烈なレゴファンに開発メンバーとして参加してもらうというものだった。

レゴの招待に応じたのは、ハッセンプラグのほかに、レゴファンとして世界的にも有名な4人。雇用契約は結ばず、報酬の代わりに、彼らをレゴの製品開発メンバーの一人として扱い、実際の現場を体験してもらうことを価値として提供した。

４人のカリスマ的なレゴファンは、予想以上に開発に多大な時間と情熱を注いだ。「パーツ、ソフトウエア、そして駆動の仕組みなど、あらゆる面で有益な提案をしてくれた」とルンドは振り返る。

その多くは的確な意見で、レゴのデザイナーも大いに刺激を受けたという。約１年の開発期間でやり取りしたメールは数千通にも達した。パーツやソフトウエアの細部にわたって４人の声が反映された製品は、２００６年８月に正式に発売された。

第２世代のマインドストーム「ＮＸＴ」は、ファンが実際に開発に関わった製品として注目を浴び、累計で約１００万セットを売り上げた。

世界の有名建築をレゴ作品に

レゴはその後も、ファンのアイデアを製品開発に取り入れるヒットを継続的に生み出していく。

２００８年に発売した「レゴアーキテクチャー」も、レゴ愛好家の卓抜した発想が起点となった。

米国に住む建築家、アダム・リード・タッカー。建築設計を営む本業の傍ら、レゴを使って建築の世界を子供たちに紹介するワークショップを展開していた。子供向けにレゴで制作した、世界の有名建築物をネットで紹介しているうちに、世界中に作品のファンが広がった。

タッカーの作品がほかのそれと異なっていたのは、精密さと精緻さにあった。建物の細かいディテール、スケールの大きさや精巧さはほかのレゴ作品とは比べものにならないほど美しく、優美だった。注目が高まるようになると、タッカーは時間を見つけてはレゴファンの交流イベントなどにも出向き、作品を出展した。

米シカゴの「シアーズ・タワー（現ウィリス・タワー）」や米ニューヨークの「ロックフェラーセンター」など、タッカーがレゴで再現した作品は評判となり、やがてレゴ社員の耳にも届くようになる。

2006年、タッカーの参加していたレゴファンの集まりに、後に「レゴ空想」を仕掛けるスミス・マイヤーが訪れ、ある提案を切り出した。

「レゴの正式な製品として、作品を開発してみませんか」

スミス・マイヤーの申し出にタッカーは驚いたが、興味深い提案に、すぐに応じることを決めた。

新たな大人のファン層を開拓した「レゴアーキテクチャー」シリーズ

「自分の趣味が世界中のファンの心を動かしていると聞いて感動した。レゴと一緒に、その世界をさらに広げられるなら、これほど興奮することはないと考えた」

タッカーは言う。

２年の開発期間を経て、２００８年にレゴは第１弾となる「ウィリス・タワー」を発売した。「レゴアーキテクチャー」と名づけられたこのシリーズは、黒を基調にしたパッケージで、子供向けの製品とは一線を画す高級感を打ち出した。

ブロックの色も、白、黄土色、黒などシックなものを選び、大人がオフィスに飾れるレゴを目指した。

結果的にレゴは、アーキテクチャーシリーズの成功によって、従来にない価値を掘り起こすことになった。

一つは新しい販路を開拓したこと。「レゴアーキテクチャー」は玩具店だけでなく、美術館や博物館などにレゴを展開できるようになった。

もう一つは収益性の向上だった。高級感をうたった「レゴアーキテクチャー」の平均単価は通常の子供向け製品の2・5倍以上する。ブロック自体の製造単価は変わらないが、製品に魅力を感じた多くのファンが手に取った。

「ブロックの価値は、作り上げる世界観次第で、大きく引き上げられるということを改めて認識した」

スミス・マイヤーは振り返る。

世界の建築を巡るというコンセプトは、子供向け玩具であるレゴを、大人が自室に飾れるオブジェへと生まれ変わらせた。何より、ストーリー次第でブロックの価値をまだまだ高められることをレゴは再確認した。

「レゴアーキテクチャー」は現在、ロンドンのビッグベンやパリのエッフェル塔、東京の帝国ホテル、ローマのトレビの泉など、50種類以上に広がり、レゴの人気シリーズとして定着している。

突き抜けたユーザーを育む

古典的なマーケティング理論では、新製品やサービスを普及させるカギを握るのは、ファンの中でもいち早く新商品に飛びつく「イノベーター」集団だと言われている。イノベーターは、消費者の約2・5%にすぎないが、彼らが市場を動かす伝道師となるとされている。

しかしレゴは、伝道師に接触することに飽きたらず、「レゴマインドストーム」のハッセンプラグや「レゴアーキテクチャー」のタッカーなどのような、ファンの間で「神」とも讃えられる突き抜けたファンを取り込み、社内では生まれ得ない革新的な製品の開発につなげていった。

イノベーターは、あくまでも会社側が提供する製品やサービスに最初に飛びつくユーザーだ。レゴはさらに一歩踏み込んで、世界有数の突き抜けたファンとタッグを組んで、一緒に製品を開発した。最先端のファンを囲い込み、イノベーションに取り込んでいったのだ。

この取り組みを、MIT教授のフォンヒッペルは、「イノベーターのさらに一歩先を行く、リードユーザーの掘り起こし」と表現する。

レゴは第2世代のマインドストームがヒットした前後から、突き抜けた熱狂的なファンの組織化を始めた。

その数は、全世界で数百万人以上、数千のコミュニティがあると言われている。その上でやり取りされるファンの知恵を製品開発に取り入れる工夫を続けてきた。

左ページの図にあるように、世界中にある大人のレゴファンのコミュニティは、大きく3つの階層に分かれたピラミッドで表現できる。

最も多いのが一般のユーザー組織。その上位に位置するのが、熱心なファンである「アンバサダー（大使）」と呼ばれる層。そして最上位には、レゴを使ったビジネスを展開できる、「認定プロフェッショナル」が君臨する。

ファンコミュニティの頂点に立つ日本人

このファンコミュニティの頂点に立つレゴ認定プロフェッショナルの中には、実は日本人も存在する。三井淳平、34歳。巨大なレゴ作品などを制作するプロのレゴビルダーであり、世界に21人しかいないレゴ認定プロの一人として世界に知られている。

■レゴのファンコミュニティ

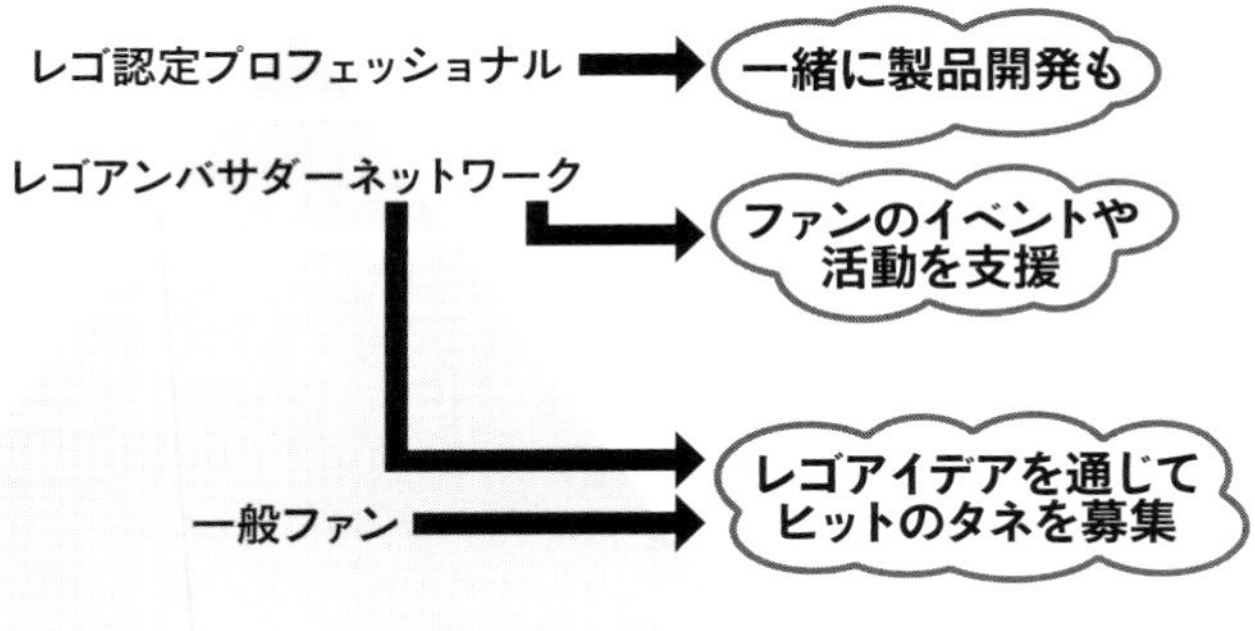

注:取材を基に筆者作成

幼少の頃からレゴの魅力に引かれた三井は、東京大学在学中にレゴ好きを集めて「レゴ部」を創設。数年の社会人経験を経た後、レゴビルダーとして独立した。現在は自宅とは別に、レゴ専用の工房を持ち、さまざまなクライアントから依頼されるレゴのオブジェなどの制作を請け負っている。その傍らで、レゴにまつわるイベントに参加するほか、子供向けにレゴを使ったワークショップなども展開している。

「レゴは、我々のようなファンとの交流を通して、現場の様子を感じ取り、ユーザーとの距離を適切に保とうとしている。そうした姿勢がファンの信頼につながっている」

こう三井は言う。

企業にとって、顧客の声を吸い上げるというのは、言うは易く、行うは難しだ。今では多くの企業がユーザーの声をさまざまな形で取り入れて製品開発に励んでいるが、成功例は決して多くない。

一般ユーザーから真に良質なアイデアを吸い上げられるのは、レゴがもともと強いブランド力と熱心なファンを多く持っているからだという意見もあるだろう。

しかし、レゴのルンドはこう言って否定する。

「一朝一夕に、ユーザーのアイデアを取り入れて成功できたわけではない。私たちも、10年以上の時間をかけて苦労を重ねてきた末に実現したのだ」

大切なのは、闇雲にファンの声を聞くだけでは、いいアイデアは生まれないということだ。

レゴは、有望なアイデアを持つファンの声を効果的に拾い上げるために、ファンをピラミッドのような階層で捉えた。

頂点に君臨するリードユーザーには「レゴ認定プロフェッショナル」という称号を与え、時に製品作りに巻き込む。一方で、その下に位置する「レゴアンバサダー」や一般ファンの意見は「レゴアイデア」というプラットフォームから広く斬新な発想を募っていく。全方位でアイデアを拾い上げていく仕組みを構造した。

ユーザーとの関係性も、3つのステップに分け、順を追って距離を縮めていく。最初の段階は、マスマーケティング。定量・定性調査によって消費者のデータを集め、それらを基に製品を開発する。今も主流のマーケティング手法だ。

そこから一歩、ユーザーとの距離を縮めたのが「コミュニティマーケティング」、あるいは「ファンマーケティング」と呼ばれる手法である。商品やサービスに固定客ができ、より絞り込んだファンの声を拾い上げて製品開発につなげる。

そして顧客との関係性がさらに深まると、「ユーザーイノベーション」という段階に達する。企業とユーザーが一体となって、さまざまな商品開発が可能になる、との考えだ。

「顧客の声を聞いていると主張する企業でも、コミュニティマーケティングの段階にあるケースは多い」とルンドは指摘する。距離を縮めるためには、ユーザーと双方向のやり取りを繰り返すことが不可欠だという。

MIT教授のフォンヒッペルは、ユーザーとの関係を構築する前提として、「ユーザーが、自分たちよりも優れたアイデアを持っていると認めることが大切」と指摘する。

その認識がなければ、ユーザーにイノベーションを委ねるのは難しいからだ。

組み合わせが競争の主戦場に

ここで、一つの疑問が湧く。

果たして、企業は必ずユーザーイノベーションを実践すべきなのだろうか。ユーザーイノベーションは、あくまでも新商品や新サービスを開発する手法の一つにすぎない。もし、企業内部に十分な技術力があり、圧倒的な商品力で顧客を魅了できるなら、わざわざユーザーの声を拾う必要はないのかもしれない。実際、これまでの時代はそうだった。

コツコツと技術を蓄積してきた日本のモノ作り企業なら、なおのことだ。ところが、事業環境は大きく変化している。インターネットによって情報が瞬時に行き渡り、国境を越えたコスト競争が常態化した今。技術的なアドバンテージを長期間にわたって維持できる企業は多くない。

むしろ技術は段階的に汎用化し、商品はいくつものコモディティ部品の組み合わせで成立するケースが増えている。

自動車業界で、トヨタ自動車や独フォルクスワーゲングループなどが導入したモジュール戦略はその最たるものだろう。シャシー、エンジン、トランスミッションなどのパーツを、レゴのように組み立てて自動車を開発・生産する手法は、今や多くの自動車メーカーが導入して定着した。

ソフトウエアのモジュールを組み合わせたスマートフォンをはじめ、家電でも同じことが起きている。ハードやソフトを問わず、多くの製品やサービスが部品を組み合わせることで競い合う産業構造になりつつある。

「組み合わせの妙こそが、これからの企業の最大の競争力になる」

ＭＩＴ教授のフォンヒッペルは言う。

レゴのユーザーイノベーションが興味深いのは、モジュールそのものの価値を競うより、それをどう組み合わせるかに価値を作り出した点にある。

コモディティ化した商品を、巧みに組み合わせることで競争力を維持していく。組み合わせはレゴだけが考えるのではなく、ユーザーの知恵も最大限活用する。それを繰り返し商品化できる仕組みをつくった。

商品のコモディティ化が避けられないほかの産業や企業には大きな示唆を与えるはずだ。

リードユーザーの育成から始める

では、企業がユーザーイノベーションに向けた取り組みを始める場合、何から手を着ければいいだろうか。

「まずは、リードユーザーの育成から始めるべきだ」

レゴのルンドは言う。

普通の顧客の声を聞いているだけでは、本当のニーズは見えてこない。むしろ、ユーザーの本音さえ拾えずに失敗することになりかねない。

ユーザーとのコミュニケーションは、経営者にも少なからぬ負担を強いる。顧客との距離を縮めるということは、顧客の声を直接、経営者が聞き取ることでもあるからだ。

実際にレゴでは、CEOをはじめとした経営陣も、ファンとメールのやり取りをしたり、直接交流したりする機会を設けている。

「建設的な声もあるが、中には商品に対する厳しい指摘もある。大事なのは、それに真摯に対応することだ」

負担は決して小さくないが、それ以上に見返りも大きいと、現CEOのニールス・

クリスチャンセンは言う。

正直に、かつ的確に対応すれば、顧客との距離はより縮まっていく。それがユーザーイノベーションの第一歩となる。

そして最後に問われるのは、企業としてユーザーに何を提供したいのかというメッセージだ。

ユーザーイノベーションへの第一歩。それは、企業としてユーザーにどんな価値を提供するかを、問い直す作業でもある。

大胆なリストラを断行し、価値を継続的に生み出すイノベーション・モデルを確立したレゴ。

これらの施策を原動力に、業績は回復していった。

2010年になると、売上高は160億デンマーク・クローネ（約2320億円）の水準に到達した。2008年に世界を襲った金融危機も、ほとんど影響を受けなかった。それはレゴの経営体制が盤石なものになったという証左である。

緊急処置を施し、健康体の人間として回復させる――。危機を乗り越え、リハビリを通して、ようやくレゴは世界で戦える体力を取り戻した。

Interview

レゴはまだユーザーイノベーションへの覚悟が足りない

米ハーバード大学経営大学院教授
米マサチューセッツ工科大学スローン経営大学院教授
エリック・フォンヒッペル
Eric von Hippel

1941年8月生まれ。1970年代に「ユーザーイノベーション」を提唱。製品やサービスのイノベーションは、企業からだけではなく、商品やサービスの使い手であるユーザーから生まれる場合があることを実証した。インターネットの普及によって、フォンヒッペル教授の主張は一躍注目を浴びた。『民主化するイノベーションの時代』は、この分野の理論的支柱だ。

——フォンヒッペル教授の提唱した、ユーザーイノベーションとはどのような概念ですか。

「端的に言えば、イノベーションは製品やサービスの作り手である企業や研究所だけでなく、その使い手であるユーザーからも起きるということです」

「イノベーション研究の大家といえば、ヨーゼフ・シュンペーターが知られていますが、彼を含む多くの研究者が、イノベーションとは、企業や研究所から生まれることを前提としてきました。しかし、調べていくと、必ずしもそれが当てはまらないケースがありました。むしろ使い手であるユーザーは、既製品では満足できないニーズを満たすために、製品やサービスを改良したり、創造したりするケースが見られることが分かってきたのです。それは、企業という閉じられた組織の外にいる多様な価値観を持つ消費者によって主導されていました」

「興味深いのは、ある消費者が起こした製品の改良は、時にほかの消費者のニーズも満たすことがあるということです。そうした一定数の消費者に利益をもたらす製品やサービスから、ユーザーイノベーションが始まります。１９９０年代に入ると、インターネット技術の広がりによって、ユーザーイノベーションの機運がさらに高まりました。オープンソースという言葉が有名になり、みんなで何かを生み出す共創という概念が急速に広がっていきました。米スリーエムや米プロクター・アンド・ギャンブル（P&G）などの大企業も、戦略的にユーザーイノベーションに取り組むようになり、世界的に注目を浴びることになりました」

――レゴのユーザーイノベーションも、ファンを開発に参加させました。

「うまく取り入れたと思います。レゴは２つの方法でユーザーのイノベーションに取り組みました。一つは『レゴマインドストーム』のように、リードユーザーが開発に参加できる仕組みをつくったことです。もう一つは、今で言うクラウドファンディングのような、『レゴアイデア』の導入ですね」

「ただし、レゴでもまだユーザーイノベーションのメリットを最大限に生かしているとは言えません。もっとユーザーのアイデアを取り入れた製品を出せるはずです。レゴアイデアから生まれる製品は、年に10点ほどだと聞きます。しかし、これを全面的に開放すれば、３００くらいのアイデアがすぐに集まるでしょう」

――なぜレゴはそうした取り組みを進めないのでしょうか。

「簡単ですよ。あまりにもユーザーのイノベーションが増えると、社内のデザイナーたちの仕事がなくなってしまうからです。もちろん、レゴの経営陣は、ユーザーによる製品開発の数を増やすことを検討しているのかもしれません。しかし、現場に意見を聞けば、反対の理由はいくらでも出てくるでしょう。〝品質が保てない〟〝優れたアイデアが継続して生まれない〟……などとね」

「強引にユーザーイノベーションの比率を高めれば、デザイナーのモチベーションを下げかねません。つまりユーザーイノベーションとは、常にある種の自己矛盾を組織に突きつけるのです」

――デザイナーをはじめ、レゴの社員たちが意識を変える必要があるわけですね。

「その通りです。しかしそれは、言うは易し、行うは難し。例えば、メディア業界を思い浮かべてもらっても同じような現象が起こるはずです」

「出版社や新聞社がユーザーイノベーションを検討するとしましょう。それは一般の読者に、我が社のブランドを使ってもいいから、好きな記事を書いてくださいと依頼するようなものです。メディアで育ってきた経営者が果たして、そんなことを許すでしょうか」

「考えてみただけでも、いかに難しい挑戦かが分かるでしょう。ほかの多くの企業も、似た問題で悩んでいます。ただし、私の研究に基づけば、ユーザーイノベーションを生かした方が、製品やサービスはずっといいものになるはずです。さらに言えば、ユーザーイノベーションは、組織で働く一人ひとりの社員の価値観にも大きな影響を与えます。先ほどの例で言えば、記者という肩書がある以上、自分よりも外部の人が優れた記事を書くということを認めるのは、とても難しいでしょうから」

「そんな状況の中で見れば、レゴはユーザーイノベーションをとても上手に取り入れている企業と言えます。ただ、私からすればまだまだ覚悟が足りない。やはり既存の資産であるデザイナーの仕事を減らすことはできないのです。レゴでさえこうですから、レガシー（遺産）のある企業が、ユーザーイノベーションを取り入れるのがどれほど大変か、分かると思います」

――レガシーを持つ企業の意識を変えることは可能ですか。

「簡単でないことは確かです。繰り返しになりますが、企業がユーザーイノベーションを成功させたいなら、自分たちはすべてを知っている、という意識を変えることが先決です」

「先日、こんなことがありました。ある大手自動車メーカーが、業界のイベントで講演をしました。彼は、自分たちがユーザーよりも多くを知っていると思っており、ユーザーイノベーションをテーマにしたイベントで彼らの発想する『未来のクルマ』について語りました。参加者は、自動車メーカーがイノベーションのコラボレーション相手として想定しているユーザーたちです」

「1時間ほどこの担当者が講演しましたが、実際には、どの機能もユーザーが既に実現していたものばかりでした。本人以外の参加者はしらけ気味で、終盤になって、あるユーザーがついに〝あなたのアイデアは、既にほとんどが実現されています〟と指摘しました。すると、その自動車メーカーの担当者は腹を立てました。自分たちがユーザーよりも優れているという錯覚に陥っていたわけです。これは何も自動車メーカーに限ったことではありません。歴史が長く、強い製品を持つ企業ほど、意識を変えるのは本当に難しいのです」

「大学の世界にも、無料講義というものがあります。オンラインで授業の内容を配信しているのですが、それを嫌がる教授は決して少なくありません。恥ずかしいからではなく、自分の授業が無料で配信されることに抵抗しているのです。過去のやり方にガチガチにからめとられて、レガシーとなっている企業は本当に気をつけなければなりません」

「ユーザーイノベーションとは、レゴを見ても分かる通り、当初から計画してそこにたどり着くわけではありません。経営危機に追い込まれたりして、結果的に向かっていくような側面があります。実行するためには経営者の強い意思が必要です。ユーザーの力を生かすことをチャンスと捉え、新しい境地を開拓することができるかどうか。レゴ以外の企業だって、本当は決断できるはずです」

「ユーザーが進んで取り組むイノベーションを、企業が止めるのは難しいでしょう。こうした改良が必ずしも企業にとってマイナスになるわけではありません。むしろ、企業がうまくユーザーの声を取り込めるようになれば、成長を促す大きな可能性がある。その点に、早く気づくべきですね」

第6章

AI時代のスキルを育む

遊びを通じて学ぶ創造的思考

写真：遊びながら創造性などを育む学びの教材としてもレゴは高い人気を誇る

一時は存亡の危機に追い詰められながらも、ブロックの価値を問い直し、再び支持を集めるようになったレゴ。

玩具としての価値を追求する傍らで、同社は早い時期から、ブロックを組み立てるという行為が、単なる子供の遊び以上の意味を持つという事実に気づいていた。

遊びを通じて子供たちは安全に自分の力を試し、自信を付け、創造性を育む。それが、さらなる探究心を培っていく——。

学びを促す学習ツールとしてのレゴ。それが開花する大きなきっかけとなったのは1984年、創業3代目のケル・キアク・クリスチャンセンが偶然付けたテレビで目にした、ある教育番組だった。

MITメディアラボの名物教授と出会う

そこには、子供たちがコンピュータを楽しそうに操作している様子が映し出されていた。絵を描いたり、乗り物をデザインしたり、レゴのようなブロックを動かしたり。みな、思い思いの創作活動に夢中になっている。そんな中、輪の中心に座る大柄の男にカメラが向けられた。あご髭をたくわえ、そこからのぞく白い歯が印象的だ。

テレビのインタビュアー相手に、男は身振り手振りでコンピュータと教育の未来を熱く語った。

「コンピュータのすばらしい点は、子供たちがそれまでバラバラにしていた体験を、同時にできることにある。美術、数学、分析、理論。すべてをコンピュータプログラムが一つにつなげてくれる」

教育で最も大切なことは、何かを教えることではない。子供たちが、どんなものに関心を示し、どんなことに深い興味を持つかを観察することにある。子供の興味をつかんで離さないテーマを探すことこそが教育の本質だと、男は訴えた。

「子供たちは、我々が何かを教えようとしなくても、自分たちで勝手に試しながら、いろいろなことを学んでいく。遊びながら、同時に学んでもいるのだ。だから教育は、説明に多くの時間を割くことが大切なのではない。いかに子供たちとの絆を深めていくのか。これを大切にしなければならない」

ケル・キアクはその話しぶりに好印象を持っただけでなく、男の主張する「遊びながら学ぶ」という発想に強くひかれた。ほかならぬ、ケル・キアク自身も同じ考えを抱いていたからだ。

「この男に会ってみたい」

そう言うと、ケル・キアクはすぐに男を探すように社内に指示を出した。

調査の結果、番組に出演していたのは、シーモア・パパートという人物だった。米東海岸ボストンにあるマサチューセッツ工科大学（ＭＩＴ）の研究機関、ＭＩＴメディアラボに籍を置く名物教授として知られていた。

教えるのではなく、自ら学ぶ道具を与える

パパートのキャリアは一貫して子供の教育研究とともにあった。

１９２８年に南アフリカで生まれ、英ケンブリッジ大学で数学の研究に従事した後、スイスのジュネーブ大学に移り、発達心理学を学んだ。スイスでの研究員時代には、子供の認識学で世界的に知られているジャン・ピアジェと机を並べている。

１９６３年に欧州を離れ、ＭＩＴに籍を移した。以来20年以上、ボストンで子供の学習と認知に関する研究を進めていた。米国の教育界でも広く知られる人物だった。

パパートには、子供の学習に関して明快な信念があった。それが、子供は経験を通して学ぶという考えだった。

「人は、心に内在する経験を形にして初めて認識し、学習していく」

パパートの理論に従えば、子供は大人が何かを教えるよりも、自分たち自身で学習する方が、本来はずっと深く学ぶことができる。従って大切なのは、子供たちの興味をつかんで離さないような魅力的な教材を用意することにある。

「教材と子供が〝恋に落ちる〟くらいにならなければ、深い学びにはならない」

パパートは常々、こう口にしていた。

人は手を動かして何かを作ることで、内在するイメージや心理を構築していく。遊びを通じて誰もが体験する行為を、パパートは「コンストラクショニズム」という名称で理論展開していた。

そんなパパートにとって、レゴはとても興味深い玩具だった。誰でも簡単に組み立てることができ、自由に頭の中の世界を現実に表現できる。何よりも、子供たちが夢中になって遊ぶ姿に関心を持った。

1970年代の終わり頃、パパートはレゴを使った実験を始めた。

コンピュータとレゴを組み合わせて、子供たちに新しい教材を作ろうと考えたのだ。

パパートは1967年、同じ数学者でAIの権威でもあった教授のマービン・ミンスキーと一緒に、MITにAI研究所を設立していた。

この研究機関でパパートは、コンピュータ上でさまざまな図形を描く際の子供の思考過程を研究した。成果の一つとして、「LOGO」と呼ぶ教育用プログラミング言語を開発した。

そして1985年、パパートはコンピュータ・サイエンス分野の大家として知られるニコラス・ネグロポンテらが創設したMITメディアラボの立ち上げメンバーに名を連ねる。以前から温めていたLOGOで、レゴを操作する玩具の開発プロジェクトを本格的に始めたのである。

レゴとの共同研究から生まれた成果

ケル・キアクが偶然テレビで目にした頃、パパートはまさに、このプログラミングできるレゴの開発を進めている真っ只中だった。

MITだけでなく、近隣のタフツ大学などからも有志を集め、レゴブロックをプログラミング言語で操作できる教材を試行錯誤して作っていたのだ。

チーム内では試作品がいくつか出来上がっていたものの、さらに開発を進めるには、レゴの協力が不可欠だった。当時、プロジェクトに参加していたMITメディアラボ教授のミッチェル・レズニックはこう振り返る。

「レゴを使ったプログラミング構想は順調に進んでいたが、どこかでレゴに一度コンタクトする必要があると誰もが感じていた。そんな矢先にレゴの幹部から、我々に会いたいという手紙が送られてきた。みんな心底、驚いた」

初の面会を果たしたパパートとケル・キアクは以心伝心し、すぐに意気投合した。ケル・キアクはパパートの研究構想を聞くと支援を即決し、レゴが発足させていたレゴダクタという教材開発部門との連携を始めた。

レゴとパパートの共同研究の最初の成果が生まれたのは、１９８７年のこと。この年、レゴが発表した「レゴTC LOGO」は、LOGOのプログラミング言語を使い、モーターなどの機構が入ったブロックを動かす製品だった。レゴブロックとコンピュータを組み合わせたユニークなレゴ作品となった。

パパートの構想をベースにしたレゴブロック開発はさらに進化していく。１９９０年代に入るとコンピュータの性能が上昇し、小型化したことで、ブロックの中に、コンピュータの機能自体を組み込むことが可能になった。パパートはこうしたブロックを「インテリジェントブロック」と呼び、レゴとの共同開発をさらに加速させた。

インテリジェントブロック構想はその後、１９９８年に発売した「レゴマインドストーム」という形に結実する。「レゴTC LOGO」よりもはるかに複雑な動作ができるようになり、プログラミング言語でレゴを操作する自由度も格段に広がった。

レゴとプログラミングの組み合わせは教材として高い人気を誇り、高校や大学などで幅広く活用された。玩具としても、マインドストームがレゴ有数のヒット商品になり、さらにレゴのユーザーイノベーション開発の源流となったことは、第5章で触れた通りだ。

マインドストームという製品名は、パパートに敬意を表し、本人が1980年に発表した書籍のタイトルにちなんで付けられている。

レゴブロックをプログラミング言語で動かすというアイデアは、知育玩具としてレゴの地位を決定づけた。

何よりも、パパートとの出会いによって、レゴは自社の「Learning through play（遊びながら学ぶ）」というコンセプトに、コンストラクショニズムという理論的支柱を獲得した。

「人間は、手を動かしながらモノを作ることで、自分の中に内在するイメージや心理を構築することができる」

この理論に基づき、レゴは子供だけではなく、幅広い世代に対して学びや気づき、自己認知のためのツールとして活用されていくことになる。

組み立てで養われる創造的思考力

では、実際にレゴブロックの組み立てで得られる学びとは一体、何なのか。

序章で触れたアヒルの組み立てのエピソードを思い出していただきたい。

現レゴ・ブランド・グループ会長のヨアン・ヴィー・クヌッドストープは、プレゼンテーションで6つのブロックを配り、参加者に、制限時間内にアヒルを組み立てるよう求めた。

その際、クヌッドストープは、レゴの無限の組み合わせの可能性を示したが、実はこの「アヒルチャレンジ」は、レゴブロックが育む創造的思考を説明する上でも、格好の材料となる。

「クリエイティブ・シンキングとは単一の能力ではなく、さまざまな素養の組み合わせ。あらかじめ決まった答えがない中でプロセスに集中し、組み立てと分解を繰り返していくことで複合的にそれらを獲得していく」

レゴの教育開発研究を統括するレゴファウンデーション（レゴ財団）のボー・スチャーナ・トムセンはこう語る。

アヒルの組み立てによって養われる創造的思考力は、大きく6つある。いずれも、レゴの遊びながら学ぶというコンセプトを支える大切な素養だ。改めて、組み立ての過程をたどりながら整理していこう。

①袋を開け、6つのブロックを取り出し、それぞれの色や形、大きさなどを素早く正確に認識する力——これは「**空間認識**（**Spatial Ability**）」と呼ばれ、頭の中でモノの形や関係を視覚化する。この能力は、数学や科学の理解に不可欠とされる。ここで把握した各ブロックの特徴が、心の中に描くアヒルを組み立てる際の前提となる。

②取り出した形の異なるブロックを、自分自身のイメージするアヒルの羽やくちばしなどに見立てる力——これは「**象徴的表象**（**Symbolic Representation**）」と呼ばれ、「このブロックは胴体の部分になるか」など、心の中の表象を具体的なブロックで表現する過程で鍛えられる。思考や問題解決などの認知活動に欠かせない能力だ。

③実際にイメージしたアヒルをどのように組み立てるか、具体的な順番を整理して計画し、実際に遂行していく力——これは、「**実行機能**（**Executive Function**）」と呼ばれ、途中で行き詰まっても、再びブロックを組み換え、行動、思考、感情を制御しながら

組み立てていく力を育む。

④組み立て中、気持ちをそらさず、最後まで意識を途切れさせずに作業する力――「**集中力**（**Concentration**）」を鍛える。

⑤60秒以内に完成させるというプレッシャーに負けることなく、意識を集中させて制限時間内にアヒルを組み立てる力――「**自己抑制**（**Self Regulation**）」を高める。

⑥完成したアヒルを周囲の人と見せ合いながら、自分の作品を客観的に説明する力――周囲とのコミュニケーションなど、「**協調能力**（**Collaboration**）」を高める。

これら以外にも、ブロックの組み立ては、記憶力や想像力などを鍛える効果があると言われている。いずれも創造力を育むには欠かせない要素だ。

新しい課題に取り組むためには、既存の枠組みに縛られない創造力と、それを具体的に解決するための論理的な思考の両方が必要になる。左脳と右脳、その両方を使うということから、レゴは「システマティック・クリエイティビティ」という表現を使うこともある。

作り手が夢中になる状態に導く

もちろん、これらの能力を開発する手法は1つではなく、レゴを使う以外にも有力な方法はたくさんある。ただし、レゴの組み立てには、次の2点においてほかにはない特徴を持っている。

一つは、ブロックを使って誰でも考えを表現できる点だ。

「ブロックを使って、実際に手を動かして組み立てると、自分の頭の中にあるイメージを、より明確に浮かび上がらせることができる」

こうトムセンが説明するように、手を動かして、レゴモデルを作り上げる行為は、紙に描くなどの二次元で捉えるよりもはるかに高い学習効果をもたらす。

絵画や音楽も表現手段の一つだが、自分の意思を自由に表現できるようになるまでは相応の練習が必要になる。一方、レゴなら誰でもすぐに組み立てて考えを表せる。この障壁の低さが、レゴが表現手段として多くの人に受け入れられている理由なのだ。

もう一つは、楽しみながら学べる点である。

レゴの組み立てはそれ自体が遊びだ。夢中になってブロックを組み立てるという行為が子供たちのモチベーションを高め、知らず知らずのうちに深い学習レベルへと誘っていく。

この、夢中になって試行錯誤する精神状態を米国の心理学者、ミハイ・チクセントミハイは「フロー」と名付けた。スポーツの世界などではしばしば「ゾーン」と呼ばれる状態に子供を導くことで、より深い考えを生み出すことが可能になる。

米国では2000年代から、STEAM（Science、Technology、Engineering、Art、Mathematics＝科学・技術・工学・芸術・数学）教育への関心が高まっている。異分野を横断的に学ぶことが趣旨で、具体的に手を動かしてモノを作り、試行錯誤するプロセスを学習の中核に据えている。

モノを作り、そこから主体的に試行錯誤していくという学びは、レゴが志向する創造的思考の育成と本質的には同じだ。

単純に授業を聞いて覚えるのではなく、頭の中に内在するアイデアを、実際のモノを使って形にしながら学習する教育方法。従来のような、座学の詰め込み型の学習ではなく、能動的なスタイルで創造力を育むアプローチは、今後さらに関心が高まっていくだろう。レゴは有力な教育ツールとして、より注目を集めていく可能性が高い。

人間の創造的思考を解き放つ

ＭＩＴとレゴが研究した創造的思考の成果は、マインドストームだけにとどまらなかった。

レゴはブロックだけでなく、子供のプログラミングの世界にも、大きなイノベーションを起こした。

その中心となったのは、１９９９年にＭＩＴを退任したパパートからバトンを受け継いだ教え子であり、同僚だったＭＩＴのレズニックである。

レズニックは、もともと経済誌「ビジネスウィーク」の記者として、米西海岸のシリコンバレーに駐在していた。この時、取材したパパートの教育論に感銘を受けた。

「私のゴールは、すべての子供たちに、探検し、実験し、自分を表現する機会を提供し、社会で活躍できるクリエイティブ・シンカーに育てることだ」

パパートは、レズニックとのインタビューで、未来の教育について熱く語り、レズニックを大いに刺激した。

（これこそ、私のやりたかった仕事だ）

もともと教育に関心があったレズニックは、気がつくと、記者を辞めてパパートに弟子入りする決意を固めていた。

希望通り、MITの研究員としての職を得て、東海岸に移り住んだ。以来、パパートをメンターとし、創造的思考をテーマに教育研究を続けている。

レズニックの関心は、「人は人生のどの時期に、最も創造的思考を高められるのか」という点にあった。

研究を重ねながら、レズニックはその時期を幼少期にあると結論づける。

「キンダーガーデン（幼稚園）では誰もが自由な発想で、遊び、作り、友達と一緒に何かを企画していた。手や体を動かし、照れることもなく、さまざまな創作活動に没頭できた。残念なことに、人は成長すると、こうした能力を失っていく。しかし、これからの時代は、大人になっても好奇心を持ち続け、幼稚園児のようなクリエイティビティが求められる」

レズニックは、人間の創造的思考を解放するための活動を「ライフロング・キンダーガーデン」と名付けた。文字通り、生涯、幼稚園での創造力を維持し続ける重要性を研究するものだ。

そして、このプロジェクトの一つとして、レズニックは子供向けの新しいプログラミング言語の開発に乗り出したのである。

子供向けのプログラミング言語は、パパートが開発したLOGO以降、それに代わるような新しい言語は登場していなかった。しかしLOGOも時代とともに古くなり、使いにくさが目立つようになっていった。例えば、LOGOのプログラミング言語は、コマンドをターミナルに一つひとつ打ち込んで命令していく必要があった。しかし2000年代以降は、マウスで直感的に操作するGUI（グラフィカル・ユーザー・インタフェース）が主流になっていた。

「LOGOはすばらしいコンセプトだったが、2000年代にはとても古いものになっていた」

こうレズニックは振り返る。

LOGOを進化させ、時代に合わせて直感的な操作ができる、新しいプログラミング言語が必要だった。

プログラミング言語「スクラッチ」開発

2000年代前半から、LOGOのコンセプトは踏襲しつつ、最新の機能を盛り込んだ言語を開発するプロジェクトが、レズニックをリーダーにして始まった。

開発の過程で、レズニックが大きなインスピレーションを受けたのが、レゴブロックだった。

レズニックは、子供たちに直感的にプログラミングを理解してもらうには、どうしたらいいのかという課題に直面していた。その時、レゴをいじりながら、プログラムとは、レゴブロックの組み合わせのようなものだと捉えられることに気づいたという。

例えば、画面に描いたウサギの絵を右斜め上に動かしたい場合、その手順をブロックに分解して指示していくと、「右に移動」「上に移動」という2つのブロックの組み合わせになる。指示をブロックに見立て、順番に並べていくことで、論理的な思考を分かりやすく視覚化したのだ。

「プログラミングは、デジタルのブロックを組み上げていくようなもの。レゴの基本的な遊び方が、プログラム全体の基礎となった」

こうして2007年、「スクラッチ」と名づけたプログラミング言語が完成した。

子供たちのニーズに応える形で、写真や音楽を取り込んだほか、SNS時代に対応するため、ネットワーク上のほかのユーザーとプログラムを共有する機能も搭載した。

レズニックはこれを無料のオープンソースとして公開した。できるだけ多くの子供たちに、創造的思考を身につけてもらいたいとの願いからだ。

プログラミング教材のスタンダードに

スクラッチは瞬く間に子供向けプログラミング言語として人気を博し、教育現場で事実上の標準教材の地位を占めるようになった。

さらに米アップルのiPadなど、タブレット端末が登場して以降は、より低年齢向けの「スクラッチジュニア」なども開発した。現在、スクラッチの登録ユーザーは、世界で7800万人（2021年10月時点）を越える。

2020年からは学習指導要領改定によって、日本の小学校でもプログラミング教育が必修となり、スクラッチは有力な言語として注目を浴びている。

レゴはこれらの成果を「レゴマインドストーム」同様、本体のビジネス開発にも巧みに取り入れている。

2017年、レゴは新製品「レゴブースト」を発表した。タブレットを使い、組み立てたレゴを操作するマインドストームの弟分的な位置付けで、使うソフトのプログラミング言語はスクラッチにヒントを得た。

2018年以降、「レゴデュプロ」などにタブレットでブロックを操作できる機能が付いたが、多くがスクラッチのコンセプトを基にしている。

ＭＩＴメディアラボとレゴの関係は現在も続いており、スクラッチのプロジェクトを広げるとともに、レゴの創造力を促す教育の普及に努めている。

パパートの提唱する、手を動かして作ることで、内在するイメージや心理を構築していくコンストラクショニズム理論。言葉こそあまり知られてはいないが、その本質は人間の持つ創造的思考の可能性を端的に表している。

ケル・キアクが偶然テレビでパパートのプロジェクトを見かけたことをきっかけに始まった、ＭＩＴとレゴの交流。レゴに多大な影響を与えたパパートは、２０１６年に永眠し、ＭＩＴメディアラボの顔としての役割はレズニックが受け継いだ。

レゴは現在も、ＭＩＴとの成果をロールモデルに、英ケンブリッジ大学や中国の清華大学など、10以上の教育機関と子供の教育をテーマとした研究を続けている。

手を動かしてモノを作り、試行錯誤するプロセスを通じて学ぶ創造的思考は、ＡＩの社会実装が進む現代において、さらに関心が高まっていくだろう。

レゴに教育の価値を感じているのは、子供たちだけではない。レゴは今、働く大人の学び、そして企業の戦略策定ツールとしても注目を集めている。次章では、その最前線を見ていこう。

Interview

レゴを使えば、創造的思考の奥行きが増す

米マサチューセッツ工科大学（MIT）メディアラボ教授
ミッチェル・レズニック
Mitchel Resnick

1956年6月生まれ。故シーモア・パパートMIT教授のビジョンである「すべての子供たちに創造的な機会を提供する」という言葉に感銘を受け、記者から転身。「レゴマインドストーム」の開発に携わった。2007年、子供向けプログラミング言語「スクラッチ」を開発。MITメディアラボでは、幼児時代の創造性に着目した研究「ライフロング・キンダーガーデン」プロジェクトを指揮する。

――創造的思考力（クリエイティブ・シンキング）の重要性が高まっています。

「クリエイティビティが今ほど求められている時代はないでしょう。インターネット、AI技術の進化は教育の世界を劇的に変えています。昨日の常識が明日には通用しなくなる。不透明な未来を生き抜くためには、従来の枠にとらわれない発想が求められています」

「不確実性の時代を生き抜く素養は一つではありませんが、私はクリエイティビティが大事な能力になると確信しています。今後、私たちが担う仕事の多くには、創造性がより求められるようになるでしょう。クリエイティブの反対はルーティンですが、ルーティンワークはおそらくロボットが担っていく。人間はこれから先、ルーティンワークでは価値を生み出せなくなる可能性が高いのです」

「クリエイティビティをどう高めていくか。私自身はMITメディアラボで、この能力について、『ライフロング・キンダーガーデン』と呼ぶプロジェクトを通して研究を続けてきました」

――ライフロング・キンダーガーデンというのはどのような活動ですか。

「とてもシンプルで、人間の創造性は、キンダーガーデン（幼稚園）の時期に最も活発だという仮説を検証するものです。この時期には、人間は枠にはまらない自由な発想や活動を続けています。ブロックで城を作ったり、クレヨンで絵を描いたり、歌を歌ったり。いろいろなことに興味を持ち、社会的な枠組みにはまることなく、自分の中にある気持ちやアイデアを次々と表現しています」

「ところが、人間は成長とともにこうした創造性を失っていきます。その大きな理由は教育で、読み・書き・算盤といった、いわゆる知識記憶型の勉強が増えていき、創造性よりも暗記が教育の中心になっていくからです。しかし、先ほども述べたように、これからの時代は自分の中に眠る、創造性を呼び覚ます教育が求められていくでしょう。人間がいかに幼稚園児の頃のような創造性を保ったまま生きていけるのか。これが、プロジェクトの大きなテーマです」

「具体的な活動としては、実際に幼稚園で過ごした頃のアプローチを抽出し、すべての世代に通用するモデルとして普遍化することを目指しています。幼稚園で育んだクリエイティビティのエッセンスを、具体的な方法論に落とし込んでいきます」

「クリエイティブな人間になることが重要なのは、何も教育の観点からだけではありません。人生における幸せとは何か、ウェルビーイングを考えるきっかけにもつながります。自分をクリエイティブに表現できる人は、自分の内なる声を世界に発信することができます。何を発信すればいいかを考える機会こそが、人生の目的探しにつながります」

——現在の教育における課題は何でしょうか。

「現在は、子供の成長とともに、クリエイティビティが失われるような学習体系になっています。子供たちは小学校に進むと、多くの時間を机の前に座って過ごします。先生の講義を聞き、ノートに書き写し、覚えることを求められます。暗記に多くの時間が割かれ、自発的に何かを考える機会は減っていき、やがてクリエイティブ・シンカーの素養を失ってしまいます」

——現実社会にはクリエイティビティを育む仕組みがない、と。

「現状は、教育システム全体が強い規律によって動いています。私はこれを、ブロードキャスト（一斉配信）型アプローチと呼んでいます。一人の先生がまるでテレビ放送のように、知識を一方的に多数の生徒に伝播する。これは、あらかじめ正解のある知識を伝えるには適しています。教える側にとっても、方法が確立されているから、これまでの知識を繰り返し同じように提供していれば一定の品質が担保できる。とても都合のいいシステムでした。工場で製品を生産する仕組みにも似ています」

「気をつけなければならないのは、いくら創造的思考が大切だと教えていても、それがブロードキャスト型の教育で広がるのでは効果が薄い、ということです。創造的思考が大切である、ということを従来の思考しか持たない先生が言うだけでは、あまり意味がありません。教え方そのものを変えて、先生と子供が双方向のコミュニケーションを重ねる必要があります」

「これを実現するには、先生の意識と役割を大きく変えていく必要があります。双方向のやり取りには、これまでの教育のような正解がありません。先生自身も、正解を自分で見つけ出さなくてはならないのです。従来のシステムに慣れ親しんだ人にとっては、大きな挑戦でしょう」

——STEAM（科学・技術・工学・芸術・数学）教育の先進とされている米国でも、そこが問題なのですね。

「今も、多くの人々が既存の教育システムを支持しています。なぜなら現在の教育は、情報を伝達するのにとても効率が良いからです。一方で、双方向のやり取りはとても効率が悪く見えます。子供たちと、探索したり、いろいろなやり取りを重ねても、彼ら・彼女らがいつ、何を学ぶのかは予測ができませんからね」

「ただ、子供たちが創造的思考を通じてアイデアや知識を自分の力で発見できると、これまでの教育とは比較にならないほど強い記憶として残ります」

――具体的には、どのような方法で変えていくのですか。

「ライフロング・キンダーガーデンの基本的なメソッドでは、〝4つのP〟が大切だと思っています。Project（プロジェクト）、Peer（ピア）、Play（プレイ）、Passion（パッション）です」

「アイデアを実現するためには、ミッションを掲げ、主体的に取り組む姿勢が必要です（プロジェクト）。そして、仲間と一緒に活動する共同作業（ピア）を通じて、遊び心を持ちながら、リスクを恐れずに新しいことに挑戦する姿勢（プレイ）が大切です。興味のあるものに取り組んでいる時に生まれる情熱（パッション）があるほど、人間は深い学びが得られます」

――創造的思考を育む上で、レゴはどう役立ちますか。

「創造的思考を開発するには、子供たちが楽しく共同作業をすることが必要です。そのツールとして、レゴはとても有用です。レゴとＭＩＴメディアラボは長い間、子供たちに、遊びの経験を通じて学びをサポートするということを、共同で探索してきました。もちろん、ライフロング・キンダーガーデンも、レゴグループに支援されています」

――そのレゴとのプロジェクトが、子供向けプログラミング言語「スクラッチ」の開発につながったのですね。

「スクラッチは２００２年に開発が始まりましたが、初代の『レゴマインドストーム』が誕生した１９９８年から既に、コンピュータ・プログラムで子供たちに新しい体験をさせるアイデアを練っていました」

「ＭＩＴメディアラボにはLOGOという子供向けのプログラミング言語がありました。私のメンターであるＭＩＴ教授のシーモア・パパートが開発したものでした。

LOGOが登場するまで、コンピュータは子供には難しすぎると考えられていましたが、パパートは、子供でも立派にコンピュータでデザインやプログラムができることを示しました」

「その後、パパートとともに開発に関わったマインドストームは、大ヒットしました。レゴの発想から、私も大きなインスピレーションを受けました。それが、スクラッチの開発に生きたのです」

「2000年代に入ると、LOGOも少し時代遅れになっていました。1960年代に開発したものでしたから。シンタックスやセミコロンの場所をどこに置くか、といった子供にはやや難解な細かい手順も求められていましたし……。今でもそうですが、JavaやC++は、子供たちが学習するには難しすぎます」

「そこで私は、子供がより簡単に自分だけのゲームやストーリーを、コンピュータで作れる新しい方法を考えることにしました。それがコマンドを、レゴブロックのように組み合わせていくというアイデアでした。プログラムをブロックに見立てるというのは、直感的で理解しやすいですからね」

「今の時代に合わせ、動画や写真、音楽を取り入れられるようにし、子供たち一人ひとりに合ったプログラムが組めるようにしました。ソーシャル機能も組み込み、世界中の子供たちが、互いに作品を見せ合い、刺激を与え合うことができます」

「ちなみにスクラッチとは、音楽のディスク・ジョッキーがいろいろな音を組み合わせる時に使う言葉です。子供たちのさまざまなアイデアを組み合わせ、新しい音楽を作るように、新しいアイデアを生み出すことが大切だという思いを込めて名付けました」

——日本でも、プログラミング教育は小学校で必修になりました。スクラッチが使われる機会が増えています。

「スクラッチが活用されるのは大歓迎です。これを機に、日本の教育現場でも相互に学び合う重要性が理解されることを期待しています。プログラムもブロックと同じです。活用次第で、クリエイティビティを養う有力なツールになります。キンダーガーデンのような自由な世界を作ることを、教育面でサポートしてほしいですね」

――創造的思考はこの先、どのくらい広がっていくのでしょうか。

「短期的には悲観的ですが、長期的には楽観視しています。というのも、創造的思考が広がるためには、困難を伴う変化が必要だと分かっているからです。人々はまだ学習をこれまで通りのものだと捉えています。長く定着した考えは一朝一夕に変わるものではありません。しかし、私は長期的な楽観者です。創造的思考が大切だという機運の高まりはもはや止められません。このうねりはさらに大きくなっていくでしょうし、その流れに貢献したいと思っています」

「私はもともと経済誌の記者をしていました。その取材でパパートに出会い、彼のビジョンに衝撃を受けました。そしてキャリアを変更し、以来ずっと同じ目標を目指して切磋琢磨しています。クリエイティビティを巡る挑戦は、簡単には解決しませんが、とても大きく、やりがいのあるテーマです。あらゆる環境の子供たちに、伸び伸びと探索や実験、表現ができる機会を提供し、彼らのクリエイティブ・シンカーとしての資質を養うサポートを続けたいと思います」

第7章

企業の戦略策定にもレゴ

経営危機が生んだ「レゴシリアスプレイ」

写真：企業の組織活性化などに利用される「レゴシリアスプレイ」。
日本での注目も高まっている

自己啓発からチームビルディング、組織活性化、そして戦略策定まで――。学びの道具としてレゴを活用する動きは、子供だけでなく、大人の世界にも広がっている。

では、ブロック玩具でどのように組織活性化を進めていくのか。具体的に理解するために、まずはモデルケースを紹介しよう。

ここは、ある企業の会議室だ。

これから、レゴを使った営業員向けのワークショップが始まろうとしている。参加しているのは、企業の幹部候補として将来を期待されている5人の社員たちだ。営業のプロとしての意識をより高いレベルに引き上げ、個々人がチームや組織にどんな貢献ができるのかという具体的な目標を見つけ出すことがワークショップの狙いだ。

メンバーは、大きなテーブルを囲むように座っている。それぞれの前には、ノートとペンの代わりに、さまざまな形をした無数のレゴブロックが置かれている。全員がブロックの前に座り、準備が整うと、進行役のファシリテーターが指示を出した。

「まず目の前にあるレゴブロックを使って、タワー（塔）を作ってください」

参加者は一人ひとり自分が作った作品を紹介しながら考えを言語化していく

課題は、制限時間内にできるだけ高いタワーを組み立て、頂上にレゴの人形(ミニフィグ)を載せること。まずはレゴに慣れてもらうことが狙いだ。制限時間に達したところで、一人ひとり、出来上がった互いの作品を紹介していく。お互いに論評し合ったところで、緊張を解きほぐすアイスブレイクが終了。ここから、課題のレベルが変化していく。

ファシリテーターは、次にこんな質問を投げかけていく。

「あなたの一番の強みを、レゴで表現してください」

参加者は一同、戸惑った表情を見せるが、ファシリテーターはすかさずフォローする。

「考えこむ前に、まずはブロックを手に

取って、組み立ててみましょう。どうしても思い浮かばない場合は、何も考えずにブロックを組み立てるだけでも構いません」

ファシリテーターのアドバイスを受けながら、社員たちは試しにブロックを手に取って、組み立て始める。すぐに何かを作り上げる人もいれば、ブロックを手に取ってじっと考え込む人もいる。しかし、数分も経つと変化が出始めてくる。次第にレゴで自分を表現できるようになってくるのだ。

直線的な矢印の形を作り、自分の強みである「突破力」を表現する人もいれば、タワーにミニフィギュアをのせて「視点の高さ」を表現する人もいる。

ファシリテーターに質問を投げかけられた直後には何も思いつかなかった参加者も、手を動かし、ブロックを組み立てているうちに、自分の中にある漠然としたイメージが具体的な形になってくる。

制限時間が来ると、参加者は再び一人ひとり、自分の作品について説明していく。

「矢印に使っている赤いパーツは私の情熱を表しています。ところどころに透明なパーツがあるのは、脆さを表現しています」

「このミニフィギュアは視点が高い半面、自分の足元で起きていることはあまり見えていないかもしれません」

自分の組み立てた作品を見ながら、一つひとつ確認するように、率直に話していく。説明の後、聞いていたファシリテーターやほかの参加者が問いかけていく。「矢印はなぜ、そちらの方向を向いているんですか？」「タワーのブロックが赤色なのはなぜですか？」

参加者が互いに作品を評価し、作り手に説明を促す。作り手は質問に答え、自分の言葉で説明する過程を通じて、自分の組み立てた作品をより深く理解していく。

ファシリテーターやほかの参加者の質問に答えていくうちに、作り手は自分の中にある漠然とした概念やアイデアが、レゴで組み立てた作品を通して言語化できる感覚をつかみ始める。このプロセスを繰り返していく中でメンバーの関心と集中力は次第に高まり、組み立てに没頭するようになる。

場の盛り上がりを見ながら、ファシリテーターはさらに質問のレベルを上げていく。

「あなたが受けた最高の営業とはどんなものですか」

「あなたが二度と受けたくないと思った営業は何ですか」

「あなたが会社を去ったら、会社の営業組織は何を失いますか」


メンバーの作業は基本的に同じだ。課題に対して、制限時間内にブロックを組み立て、自分の考えを表現し、それをほかの参加者と共有しながら思いを言葉にしていく。

1度の組み立てで参加者の納得感が足りないと判断した場合は、ファシリテーターは2巡目、3巡目と組み立てを促す。


参加者は、自分の頭の中にあった「営業の価値」や「自分の価値」が次第にブロックを通して可視化され、さらには自分の言葉で表現できることに驚き、興奮していく。


ワークショップの終盤には、多くのメンバーが自分の価値や営業として大切にしている価値を極めて明瞭な言葉で表現し、ほかの参加者と共有できるようになる。

ここで初めて、ファシリテーターは参加者にペンとノートを配り、指示を出す。

「では、あなたは営業として具体的に、どのような形で会社に貢献できるのかを文字に書き出してみましょう」

多くのメンバーは、研修が始まった当初とはまるで別人のように、自分の強みをスラスラとノートに書き出していく。

これは「レゴシリアスプレイ」という教材を活用した企業向けのワークショップの一コマだ。

レゴを使って組み立てるという行為そのものは、子供たちが遊びや学びで使っている方法と違いはない。ただし、子供と大人のレゴが異なるのは、何を組み立てるかというテーマにある。

概念やアイデアを形にする

子供の組み立ての場合、対象となるのは、「アヒル」「飛行機」「家」といった目に見える物理的なモノだ。現実に存在する対象物を、できるだけリアルにブロックで再現するケースが多い。

一方、「レゴシリアスプレイ」で組み立てる対象となるのは、抽象的な「イメージ」や「アイデンティティ」になる。

「モチベーション」「リーダーシップ」「ビジョン」。一見捉えどころのない概念を、

ブロックを組み立てながら形にしていく。最初こそ戸惑うが、ワークショップの例で見たように、ブロックをいじりながら繰り返し手を動かしていると、頭の中に潜んでいたイメージが、次第にレゴのモデルとして形になっていく。

「レゴシリアスプレイ」ではこのプロセスを、①作り（組み立て）、②説明し、③共有し、④再評価する――に分け、4つのこの手順を繰り返すことで、概念の可視化を促していくアプローチを取る。

抽象的な概念をブロックに変換し、表現できることの意味は大きい。というのも、人は自分の頭の中で考えていることを必ずしも正しく口頭で説明できるとは限らないからだ。例えば「リーダーシップ」という言葉一つを取っても、その捉え方は人によって違う。仮に表現できたとしても、相手の受け取り方や解釈の違いで意図通りに伝わらないこともある。

しかし、レゴブロックという共通言語を介すると、自分の概念が想像以上にスムーズに伝わる体験をする。頭の中のアイデアを分かりやすく形にできる上、それを他人と齟齬《そご》なく共有できる。これが「レゴシリアスプレイ」の大きな特徴である。

組織の従うべき規律を探る

「レゴシリアスプレイ」を開発したのは、ロバート・ラスムセンというレゴ出身のデンマーク人だ。

ラスムセンはレゴの教育部門である「レゴダクタ（現レゴエデュケーション）」で長らく子供向け教材の開発を担当してきた。子供向けのレゴ教材を開発するなかで、創造力を解放するという本質的な価値が大人にも十分に応用できるという確信を持ち、「レゴシリアスプレイ」というプログラムを作り上げた。

「レゴは、大人にとってもコミュニケーションを円滑にする強力なツールだ。レゴを活用したワークショップは、参加者一人ひとりの考えをクリアにするだけでなく、チームの結束を高める上でも効果がある」

ラスムセンがこう考える理由は第一に、ブロックを使えば人間の複雑な感情を形にできるという確信がある。

先に触れた通り、「リーダーシップ」や「ビジョン」といった概念をレゴのモデルで表現すると、口頭で話し合うよりも、より深く、正確に理解できるようになる。会社の強みなど、人によって認識の違うテーマを議論する際には、参加者の考えを互いに正しく理解して議論が進められるようになるので、議論の質が格段に上がる。

第二に、「レゴシリアスプレイ」では、議論に参加した全員の意見をもれなく拾い上げることができる。

「レゴシリアスプレイ」のワークショップでは、作ったモデルについて、一人ひとりが必ずほかの参加者に説明する決まりがある。全員平等に発言する機会を与え、役職や肩書きといった立場を超えて、フラットな関係で意見を交わせる工夫をしている。

大抵の会議では発言する人としない人が分かれてしまう。会議に出ていても別の仕事をしていたり、ほとんど聞いていなかったりする人もいる。全員が当事者意識を持ち、100%平等に会議で発言することはほとんどない。全参加者のアイデアを聞くことが大切だと分かっていても、現実には意外と実践できていないのだ。

しかし、声の大きな人だけが議論を占有すると、ほかの参加者が白けてしまい、参加者全員の総意を引き出すことは難しくなる。

「もし、本気で会議から何かを得ようと考えるなら、参加者全員のアイデアを引き出す必要がある」

こうラスムセンは言う。

戦略策定とは判断基準を決めること

「レゴシリアスプレイ」の究極的な目的の一つは、参加者やその組織が最も大切にする価値を浮かび上がらせることにある。先に触れた、作り(組み立て)、説明し、共有し、再評価するのサイクルを何度も繰り返しながら、問いかけの質を上げていくと、最終的には、自分が決断する上で常に大切にしている判断基準、意思決定の軸を見つけ出すことができる。

この判断軸が明確になると、仕事や人生における重要な決断の場面で迷いが少なくなる。自分がやるべきことと、やらないことが明快になり、判断のスピードが劇的に上がるのだ。「レゴシリアスプレイ」ではこれを、「Simple Guiding Principle（本質的な判断基準）」と呼ぶ。自分が最も大切にしている価値基準と言い換えてもいい。

そして、この判断基準を探索するプロセスは、そのまま会社の戦略を策定する手順に応用できる。

「なぜなら、戦略とはつまるところ、その企業が意思決定をする際の判断基準を決めることであるからだ」

こうラスムセンは言う。

例えば、企業がある事業を継続するか撤退するかの判断を迫られたとする。撤退するか否かの究極的な判断は、自分たちが拠って立つ価値基準を基に下されるべきだ。仮に企業の価値観が「持続可能な社会に貢献する事業を手がける」だとしたら、売却対象の事業がその価値に沿っているか否かで判断する。この時、自社の価値基準が明確なら迷いはないが、そうでなければ事業を継続するのか、撤退するのかの判断がぶれることになる。

企業の価値観を浮かび上がらせるという難解な課題も、「レゴシリアスプレイ」を使うと、ブロックの組み立てを繰り返しながら見つけ出すことができる。

ここで大切なのは、企業の戦略も個人の価値観と結び付いているということだ。「戦略は、経営陣が腹落ちした判断軸であるべきだ。立派な戦略でも、経営が迷走しているケースの大半は、経営者や幹部が心から共感した基準で判断していないからだ」どんなに優秀なコンサルタントがつくった戦略でも、経営陣が共感していなければうまくいかないと、ラスムセンは言う。

もちろん、高度な戦略を決めていくプロセスは、「レゴシリアスプレイ」でも最難関のプログラムだ。しかし、共有が難しい概念ほど、メンバー全員がフラットに議論して理解できる場が大切になる。

何度もレゴでモデルを作りながら、自分たちの本当に大切な価値を見つけ出すのは楽しいが、苦しい。このような状況を、レゴでは「Hard Fun（ハード・ファン）」と呼ぶ。「ハード・ファンの状態にいる時ほど、人は集中し、成果も生まれやすい。レゴシリアスプレイは、この状態をつくり出すことが得意としている」

こうラスムセンは言う。

答えは既に自分の中にある

ラスムセンも、第6章に登場した米マサチューセッツ工科大学（MIT）メディアラボ教授だったシーモア・パパートの薫陶《くんとう》を受けた一人だ。

「手という触覚は、身体における検索エンジンのような存在。グーグルの検索窓にキーワードを入力すれば結果を出してくれるように、手を動かしてブロックを組み立てていくと、人間はそこから自分の記憶を探索して、さまざまなアイデアをひっぱり出してくれる」

パパートのコンストラクショニズムの思想は、「レゴシリアスプレイ」にも息づいている。

そしてこうした能力こそが、AI時代の人間に求められる力だと、ラスムセンは言う。

「手を動かしてアイデアを探していく作業の中で気づくのは、自分は多くのことを知っているのに、それにいかに気づいていないか、という事実だ。必要な知識の大半は実は頭の中に既に蓄積されている」

「レゴシリアスプレイ」は、脳の奥深くにある知識、いわばヒューマン・インテリジェンスを掘り起こす手段だという。多くの課題の答えは、自分自身の中に既に存在している。その前提に立って創造力を解き放ち、知識を引き出す方法論の確立をラスムセンは確立した。

現実世界のビジネスは遊びではない。しかし、レゴの中でビジネスを再現して真剣に遊ぶことはできる。ここから、「レゴシリアスプレイ」という名称がついた。

「私たちはしばしば、戦略を決めて実行し、失敗してから、計画が間違っていたことに気づく。その過ちを繰り返すよりも、まずはレゴでビジネスモデルをつくり、真剣に遊ぶ方が大ケガをしない。思う存分遊んだ後に、初めて事業計画を書けばいい」

そうラスムセンは言う。

危機から生まれた「レゴシリアスプレイ」

「レゴシリアスプレイ」はもともと、レゴの経営危機を回避する方策を見つけるために開発された。

　１９９０年代、特許切れとテレビゲームの台頭という環境の変化に襲われた際、創業３代目のケル・キアク・クリスチャンセンは、レゴを企業向けの戦略策定や意思決定に活用するプロジェクトをスタートさせた。

　共同開発の相手に選んだのは、ケル・キアクが経営学修士を取得したスイスのビジネススクール、ＩＭＤの教授陣だった。

　しかし、優秀な教授陣を交えても、レゴブロックを企業の戦略づくりに生かすというアイデアは、なかなか形にならなかった。レゴを使うところまではいいが、物理的なモデルを組み立てる以上に、話が広がらなかったのだ。

　行き詰まったケル・キアクが招聘《しょうへい》したのが、ラスムセンだった。

　当時、ラスムセンはレゴダクタで子供向けのレゴ教材を開発していた。教師の経験があるラスムセンは、これまでにない大人向け教材の開発に興味を持ち、興奮したと

いう。

プロジェクトに集中するため、ラスムセンは拠点を米国に移した。そこでＭＩＴ教授のパパートと出会い、コンストラクショニズムの思想に深く影響を受けた。

ラスムセンは、開発過程のプログラムをパパートに見せ、手を動かして考えることの重要性を再認識した。そして、試行錯誤の末に、「レゴシリアスプレイ」の原形となる方法論を確立する。

レゴでモデルを作り、説明し、共有し、再評価する――。

この４つのプロセスを繰り返しながら、一人ひとりが、自分の中にあるアイデアやコンセプトを形にしていくというものだった。その後、ラスムセンはパパートをはじめ、いろいろな人の力を借りながら、「レゴシリアスプレイ」のコンセプトを固めていった。

苦難の末、２００１年にプログラムを完成させたラスムセンだったが、一つ、大きな課題があった。

作ったプログラムを活用できる指導者の養成が必要だったのである。

体験を通して学ぶ「レゴシリアスプレイ」のワークショップの質を決めるのは、ファシリテーターの腕だ。しかし、秀でたファシリテーターの養成には相応の時間と手間がかかる。

そのため当初、「レゴシリアスプレイ」はレゴ本体の期待とは裏腹に、なかなか広がらなかった。メソッドを理解して広められる人材がすぐには育たず、一気に拡大できなかったのである。

なかなか広がらないサービスに、「レゴシリアスプレイ」は何度も廃止の危機に直面した。

しかし結果的に2010年、レゴは、「レゴシリアスプレイ」をライセンス制に切り替えることを決断する。それまでは、レゴが認定するファシリテーターだけに許可していた「レゴシリアスプレイ」のプログラム運営を、レゴが認定したコミュニティに委ねるビジネスモデルへと変更したのだ。

レゴは、シリアスプレイで使うためのレゴブロックを供給することに徹し、トレーニングの内容や広げ方については認定したコミュニティに任せることにした。

この決断を受け、ラスムセンは、それまで育てたファシリテーターを中心に、「レゴシリアスプレイ」のワークショップを運用するコミュニティを発足させた。

2014年には、ラスムセンらが中心になって「マスタートレーナー協会」を発足。ファシリテーターを育成する仕組みを整備した。

現在、マスタートレーナーは世界に14人程度おり、彼らの研修を受けると、「レゴシリアスプレイ」の認定ファシリテーターの資格を取れる。認定ファシリテーターになれば、自前でワークショップなどを開催し、「レゴシリアスプレイ」を社会に広げていくことができる。

「レゴシリアスプレイ」の認定ファシリテーターは、世界で4000人以上に達するといわれる。ラスムセンは、2004年にレゴを退社し、現在は「レゴシリアスプレイ」のファシリテーターを養成するワークショップの主宰者として、精力的に活動している。

手を動かし、ブロックを組み立てる「レゴシリアスプレイ」を通して、社員の創造的思考を強化しようと考える企業は年々増えている。

米ゴールドマン・サックス、米プロクター&ギャンブル（P&G）、米ファイザー、米グーグル、米航空宇宙局（NASA）……。

今では名だたる大企業や組織が、「レゴシリアスプレイ」を活用したワークショップを実施している。社員の意思や思いをより深く掘り下げて引き出したいと考える企業は多く、導入企業の裾野は着実に広がっている。

日本でも、ロバート・ラスムセン・アンド・アソシエイツが2008年に設立された。代表を務める蓮沼孝は、『レゴシリアスプレイ』は日本人との親和性が高く、関心を持つ企業も多い」という。

「レゴシリアスプレイ」が、レゴ本体の経営危機を救うことはなかった。だが、そこで生み出された手法は、新しい時代の人間の能力を解放するツールとして、世界の名だたる企業に活力を与えている。

子供向けの玩具として生まれたレゴブロックは、大人向けの玩具へとターゲットを拡大し、さらには遊びから学びのためのツールへとその価値を広げた。

その土台には常に、レゴが貫く人間の可能性を信じる姿勢がある。

ＡＩの社会実装が進むこの先、人間の優位性がどこまで続くかは分からない。しかし、人間がこれからも変化を続けていくためには、創造的思考力が不可欠だ。それを覚醒するツールとして、レゴはこれからも大きな役割を果たすはずだ。

Interview

レゴは大人の創造力を解放する

「レゴシリアスプレイ」マスタートレーナー
協会共同代表
ロバート・ラスムセン
Robert Rasmussen

1946年デンマーク生まれ。学校教員、校長を経てレゴの教育部門に入社。88年から2003年まで研究開発部門の統括責任者として多くのレゴ教材を生み出した。教育理論「コンストラクショニズム」に基づく社会人向け教育プログラムを大学などと共同で開発し、「レゴシリアスプレイ」として完成させた。現在は「レゴシリアスプレイ」の次世代のトレーナーやファシリテーターの育成に当たっている。

――「レゴシリアスプレイ」が企業の注目を浴びているのはなぜですか？

「一つは、レゴブロックを使うことで、共通の言語がチームに生まれるからです。チームビルディングに必要なのは、メンバーの考えを明らかにし、互いに理解することです。しかし、リーダーシップや理念といった概念の多くは、人によって捉え方が違います。シリアスプレイでは、この差異をレゴを使って言語化し、互いの考えの理解を促す効果があります。レゴのモデルという共通言語に変換し、参加者全員の違いを腹落ちする形で認識し、出発点をそろえた上で議論が進められるようになるわけです」

「現実問題として、日々の会議で全員の意見をくまなく聞くことはほぼ不可能です。大抵は、発言する人としない人が明確に分かれます。私はそれを『20／80ミーティング』と呼んでいますが、発言力のある2割ほどの参加者が、会議の議題の8割を独占することが多いのです。けれども、声の大きな人が議論を占有してしまうと、会議の価値は半減します。その意味でも、参加者全員のアイデアを結集させる仕組みを入れることは大切です」

「シリアスプレイを体験すると、難しいテーマでも想像以上に実のある議論ができることにみんなが驚きます。全員が関わり、頭を使い、手を使い、すべての感覚を注ぎ込んで答えを導き出す感覚は、子供に戻ったような楽しみも得られるのです」

「チームビルディングは、シリアスプレイが支援できるテーマの一例ですが、組織の活性化だけでなく、企業の戦略策定、企業のコアバリューの探索など、さまざまなケースに活用されています」

「究極的な目的はいずれも同じで、判断の基となる価値観を探り当てることです。企業が、ある事業の継続か撤退かを判断する場合も、個人の人生の選択肢も、つまるところは、明確な判断基準があって、初めて決断できるのです。この基準を、シリアスプレイでは『Simple Guiding Principle』と呼んでいます。この価値観の軸を自分たち自身で発見し、確認することが大切なのです」

――手を動かすことで、こうした判断軸が見えてくるわけですか。

「手は、我々が考えている以上に大切な器官です。手を動かしてレゴを作ることで、脳内に眠っていた知識が引き出されていきます。検索エンジンにキーワードを入れたら結果を出力してくれるのと同じように、問いかけというキーワードで手を動かすと、自分の脳からアイデアが引き出されるイメージです」

「多くの人が手を動かして驚くのは、〝自分は多くのことを知っているのに、いかにそれに気づいていないか〟という事実です。必要な知識の大半は、実は頭の中に蓄積されています。その意味では、『レゴシリアスプレイ』は人間の奥深くにある知識、いわばヒューマン・インテリジェンスを掘り起こす効果があります」

――単にブロックを組み立てるだけではないのですね。

「レゴを使って組み立てるという行為自体に違いはありません。ただ、子供のレゴ遊びと決定的に違うのは、組み立てる対象にあります。子供の組み立てが主にアヒルや橋など、現実社会の模倣であるのに対して、大人に要求するのは、イメージやアイデンティティといった形のない概念です」

「自分の価値や理念をレゴで表現するのは、確かに最初は戸惑います。でも頭で考える前に手を動かす感覚に慣れてくると、まずレゴを組み立て始めるようになります。繰り返しこの作業を続けることで、頭に内在していたアイデアを、次々とレゴのモデルとして具現化できるようになっていきます」

――答えは実は自分自身の中にある、と。

「創造力は身につけるものではなく、解放するものなのです。それに気づくだけでも、世界の見方は大きく変わります。シリアスプレイという言葉の通り、真剣になって遊ぶということは、とても大切な行為です。現実世界のビジネスでは、遊ぶことはでき

ません。多くの企業は、机上で議論した戦略を定め、現実に直面し、計画の修正を余儀なくされます。でも、レゴの世界で戦略をつくり、価値基準を決めるのは自由です。『レゴシリアスプレイ』で真剣に戦略を決めて遊び、それを検証してから初めて計画をつくればいいのです」

「もちろん、こうした戦略をレゴで引き出すには、有能なファシリテーターの存在が欠かせません。シリアスプレイの成功で最も大切なのは、ファシリテーターが設定する的確な質問です。ですから現在は、シリアスプレイを効果的に運用できるファシリテーターを養成することが、私の大きな仕事の一つです」

――ＡＩ時代における人間の価値が問われるようになっています。

「ＡＩがどの程度、人間の仕事を代替するかは分かりません。しかし人間の価値は何かという問いは、今後さらに関心が高まるでしょう。その答えは私にも分かりませんが、ヒューマン・インテリジェンスを深掘りする『レゴシリアスプレイ』のニーズは、より高まっていくのではないでしょうか」

「現実世界の問題の正解は一つではありません。それどころか、何が問題なのかも分からないことも多いのが現実です。問いを立て、自分の頭で考え抜くこと。この基本動作が今、多くの人に求められています。そして、アヒルの例が示すように、問いの立て方や答えの導き方は人の数だけ存在します。この多様性にこそ、人間の価値があるのです。その意味で、レゴはすばらしい玩具であると同時に、人間の多様なアイデアや考え方を導き出し、発掘するツールでもあります。大人にとっても、レゴの価値は変わりません」

第8章

会社の存在意義《パーパス》を問い続ける

サステナビリティ経営の要諦

写真：レゴグループの親会社が出資した英リバプール郊外の巨大風力発電所
「バーボバンク エクステンション」

英中西部の港湾都市、リバプール。都心から電車で北に約20分ほど揺られ、静かな住宅街を抜けて海岸沿いに出ると、巨大な風車の一群が目に入ってくる。

7キロメートル先の沖合に広がるのは、「Burbobank Extension（バーボバンク エクステンション）」と呼ばれる巨大な洋上風力発電所だ。直径80メートルの巨大な発電機の羽根が、沖合の強い風を受けて回転し、一基当たり最大8メガワットを発電する。32基の風車が生み出す総発電量は、年間7億5900万キロワット以上。英国一般世帯の年間電力消費量にして約23万世帯分に相当する、英国最大級の風力発電所だ。

風力発電所に出資した狙い

2016年、レゴはこのバーボバンク エクステンションのプロジェクトに資本参加した。グループの親会社であり、レゴ創業家が経営するKirkbi（カークビー）が33億デンマーク・クローネ（約545億円）を出資し、同発電所が生み出す電力の25％相当を保有する。

レゴグループはその4年前の2012年にも、別の風力発電プロジェクトに出資している。

ドイツの北海岸から北西約57キロの北海洋上で稼働する「Borkum Riffgrund（ボークム リフグント）」がそれで、約30億デンマーク・クローネ（約546億円）を拠出した。同発電所では総電力の31・5％を保有する。

バーボバンクとボークムの両風力発電所の出資分を合わせると、レゴは理論上、グループ全社のオフィスや工場で使う電力を100％再生可能エネルギーで賄えるようになった。

経営危機を脱し、レゴブロックの遊びと学びという2つの価値を高めてきたレゴは、2010年代に入ると、長期的な成長に向けた経営の枠組みを強化し始めた。

「子供たちの未来を支援し、持続可能な成長を続けるには、あらゆるステークホルダー（利害関係者）の期待に応える必要がある」

創業3代目のケル・キアク・クリスチャンセンはこう説明し、当時CEOだったヨアン・ヴィー・クヌッドストープとともに、会社そのものの価値を引き上げる施策を積極的に打ち出していく。

デンマークのローカル企業から真のグローバル企業へと飛躍するための条件は何か。社内で議論を重ね、至った結論が、企業のサステナビリティ（持続可能性）への取り組みを加速させることだった。中でも「環境」と「パーパス（存在意義）」という2つに狙いを定め、グローバル企業にふさわしい水準に高めることをクヌッドストープは決めた。

環境対策、貧困問題、エネルギー問題などに対して、企業としてどのような責務を果たすか。サステナビリティや国際連合のSDGs（持続可能な開発目標）という言葉が日本の経済界でも意識されるようになったのは、ここ数年のことだ。しかし、レゴは実に10年以上前から、これらの活動に力を注いできた。

サステナビリティへの投資を加速

２００３年、玩具メーカーとしては初めて、国連のグローバル・コンパクトに署名。人権・労働権・環境・腐敗防止についての10原則に基づいて、サステナビリティ活動を推進することを表明した。

最初の風力発電所への出資後の２０１３年には世界自然保護基金（ＷＷＦ）との間で、クライメート・セイバーズと呼ぶパートナーシップを締結。環境保護を推進する世界的な団体と連携し、地球環境への負荷軽減を目指すさまざまな活動を、全社の基本戦略に組み込んでいる。

２０１４年に発足した、企業の再生可能エネルギー利用を促す国際イニシアティブ

「RE100」にもいち早く参加した。この活動には、スウェーデンのイケアやスイスのネスレ、米ナイキや米グーグルなど、300社以上の世界企業が名を連ねている。レゴは事業活動で利用する電力を100%再生可能エネルギーで賄う体制を、2017年に構築している。

2020年9月には、環境対応への取り組みを加速させることを目的に、3年間で最大4億ドル（約452億円、1ドル＝113円で換算）の追加投資を表明した。

具体的には、レゴ製品のブロックの包装袋に使用していた使い捨てビニールを順次撤廃し、2021年から紙袋に置き換えていく。2025年までには外箱も含め、すべての製品やパッケージ、製造・流通過程で使い捨てプラスチックを廃止。再生可能な素材に切り換える。

さらに、2032年までには、レゴが企業活動で排出する二酸化炭素（CO_2）を、2020年比で37%減らす計画だ。レゴは世界各地の生産拠点やオフィスで、CO_2排出量の削減目標を事業の重要な評価指標として掲げ、その成果を記した報告書を毎年発行している。

次々と打ち出すレゴの環境対策は、ネスレやオランダのユニリーバといった環境優等生と呼ばれる欧州の世界企業も一目置く。しかし、そんな彼らでさえ驚いたのが、レゴが2015年に発表した野心的な計画だった。

ブロックの脱プラスチックを表明

「ブロックの原料から石油由来の成分をすべて取り除く」

2015年6月、レゴは中核製品であるプラスチックブロックの原料を、再生可能な素材に代替する計画を明らかにした。1958年に特許出願し、改良を重ねて完成した現在のブロックは、石油由来のABS（アクリロニトリル・ブタジエン・スチレン）樹脂が8割を占めるプラスチックである。これに代わる新しい素材の研究開発を、10億デンマーク・クローネ（約182億円）をかけて進め、2030年までに完全に置き換えることを目指す。

この意思表明がいかに野心的で思い切ったものであるかは、レゴにおけるブロックの存在を考えれば分かる。

ブロックは同社にとって唯一の基幹商品である。

堅牢さと丈夫さ、光沢や色、そしてピタリとはまる感触。長い時間をかけてなじんできた商品に対するファンの信頼は絶大で、レゴのブランドを形成する大切な基盤ともいえる。

２０１７年時点で、年間に生産されるプラスチックのレゴブロックは、７５０億個以上に達する。高い品質に裏打ちされ、長年愛され続けてきた中核商品の原料を、あえて変えるというのである。

言うなれば、単品経営の牛丼チェーンが、看板商品である牛丼の材料とレシピを変更する行為に近い。慣れ親しんだ味が少しでも変われば、ファンは離れていく。

同じように、ブロックの品質に変化が起きれば、子供たちの支持を失いかねない。品質を見るという点において、子供たちは恐ろしいほど敏感だ。環境対応を最重視するとはいえ、切り替え方を間違えれば、レゴの事業に大きな影響を及ぼしかねない。新規事業を立ち上げるのとは比較にならないほどのリスクをはらんでいる。

前代未聞のプロジェクト

それでも、レゴは原料の切り替えを決めた。

「もはや私たちは、デンマークのローカル玩具メーカーではない。世界的なメーカーとして、生み出す製品の影響力を考慮する必要がある」

2015年発表時にCEOだったクヌッドストープはこう説明した。そして、その思いは現在のCEOであるニールス・クリスチャンセンにも引き継がれている。

「世界中の子供たちにレゴの価値を届けるには、まだまだ成長する必要がある。だが、現状ではブロックを作れば作るほど、環境に影響を与えてしまう」

このジレンマを解消しなければ、たとえレゴが成長できたとしても、子供たちの未来を支え続けることはできない。

「この状況を、どこかで変える必要があった」

クリスチャンセンは言う。

無論、代替素材を見つけ出すのは簡単ではない。

競争の源泉であり、唯一の製品であるブロックの原料を、いかにABS樹脂と同等かそれ以上のものにするか——。2015年、レゴ社内ではかつてない大型プロジェクトが立ち上がった。

レゴは社内にサステナブル素材開発の専門組織を立ち上げ、100人規模の専任研究者を採用した。プロジェクトのための専門研究所「レゴ・サステナビリティ・マテリアル・センター」も2019年に竣工した。

研究開発は、社内の研究者だけではなく、外部の専門家とも積極的に連携して進めている。NPO（非営利組織）や政府との交流も欠かさず、あらゆる情報を集め、検証を続けている。

「途方もない量の実験を繰り返している。壮大な挑戦であることは間違いないが、すべて子供たちの未来のためだと考えると、やりがいはある」

プロジェクトを率いる環境責任部門のバイスプレジデント、ティム・ブルックスは言う。

再生可能素材から生まれた植物のレゴ

果たして本当に、代替素材を見つけ出すことはできるのか。

当初は懐疑的な意見も少なくなかったが、ブルックスらのチームは、計画の公表から3年後の2018年に、早くも最初の成果を明らかにした。

植物由来の素材を使ったレゴ——。レゴはブロックのエレメント（部品）のうち、木や森といった植物約25種に使うプラスチックの原料を、サトウキビ由来のポリエチレンに切り替えると発表した。

「200種類以上の素材の中から一つひとつ試しながら、最適な素材を調査した。見た目や光沢、組み立てる時の感触も、従来のABS樹脂と見分けはつかない」

プラスチックの原料を植物性由来に切り替えたレゴの植物エレメント

こうブルックスは説明する。実際、サトウキビ由来のレゴは意識をしなければ、従来のプラスチックとの見分けはほとんどつかない。現在では、一般に販売する製品にも使われている。

ただし、これらの素材はレゴが生産するブロック全体の中で、まだ2%程度にすぎない。本命の新素材の発掘はこれからだ。

2021年6月には、使用済みペットボトルを再利用したレゴブロックの試作品を発表した。廃棄した飲料用ペットボトルのPET（ポリエチレンテレフタレート樹脂）からブロックを生み出したのだ。

1リットルのペットボトル1本当たり、平均して2×4のレゴブロック10個分の原材料が得られる。これも代替素材を使ったブロックの一つの可能性だが、試作品のパイロット生産を始めるかどうかを決めるための検証には、1年をかけるという。

異なる素材でブロックを試作しては、組み立てる検証を何千回と繰り返していく。数多あるレゴの社内プロジェクトの中でも、代替素材の研究は最難関プロジェクトの一つであることは間違いない。それでも、ブルックスらに悲愴感はない。

「簡単ではないが、この試行錯誤も私たちにとっては遊びながら学ぶというプロセスの一つ。研究過程そのものが、レゴが社会に提供する価値を体現している」とブルックスは言う。

理想は、ブロックの素材が変わったことに誰も気づかないこと。環境への負荷を高めず、永続的に子供たちにブロックを提供するために、研究は今も続いている。

会社のベクトルを示す共通の物差し

環境問題への対応と並行して、レゴが会社の価値を引き上げるために取り組んだのが、パーパス（存在意義）の明確化である。

２０００年代前半の経営危機を経て、レゴが再び成長の活力を取り戻していくなか

で、当時のCEOだったクヌッドストープは、レゴの理念や存在意義を社員に伝え続ける重要性を感じていた。

一般に、組織が成長し、規模が大きくなるほど、理念は現場まで伝わりにくくなる。危機から時間が経ち、当時の状況を知らない社員が増えれば、レゴが再定義して浸透させた理念は徐々に形骸化していくのは目に見えていた。

さらに、持続的な成長には、優秀な人材の確保が欠かせない。今後、グローバルに成長を続けていく中で、魅力的な人材をひきつけるには、会社の目指す姿と存在意義を、より明確に打ち出す必要があると考えていた。

「多様な国籍や価値観を持つ社員を率いるためには、会社の方向を示す、共通の物差しが必要だ」

経営危機を経て、再定義したビジョン「A global force for Learning through Play（遊びを通じて学ぶ経験を世界に広げる）」、そしてミッション「Inspire and develop the builders of tomorrow（ひらめきを与え、未来のビルダーを育む）」に加えて、クヌッドストープは２００８年、「Promise（約束）」と呼ぶ新しい行動規範を定めた。

具体的には「Play（遊び）」「People（人）」「Planet（環境）」「Partner（取引先などのパートナー）」の４つの領域で、レゴ社員が持つべき基本的な姿勢を示した。

例えば、「Play」は組み立てる喜びを広げることを追求する。「People」は、社員全員と成果を上げることを目指す。「Planet」は地球にポジティブな影響を与えることを問われ、「Partner」では、取引先などにレゴの価値を理解してもらう意識が求められる。

この約束の肝は、看板倒れのスローガンで終わらせないことにあった。社員がどれだけ約束を守ることができたかは、人事評価に反映される。例えば、いくら業績に貢献しても、「組み立てる喜びを広げられたか」「全員と成果を上げられたか」「地球にポジティブな影響を与えられたか」「パートナーにレゴの価値を広げられたか」といった要素を満たせなければ、満点の評価は得られない。

社員だけでなく、役員の報酬もこの約束の達成度合いによって測られる。役員の報酬は4項目がそれぞれ25％に分かれて構成されている。つまり、どれか一つを頑張ってもダメで、それぞれをバランス良く達成しなければならない。

クヌッドストープが整理したレゴのミッションやビジョン、プロミスはその後も改良が加えられ、現在ではバリュー（価値）やアイデアといった要素を含んだ「レゴブランドフレームワーク」として、次のように定義されている。

- **Belief**（信念）：Children are our role models（子供たちは私たちの手本である）
- **Mission**（ミッション）：Inspire and develop the builders of tomorrow（ひらめ

きを与え、未来のビルダーを育む）

- **Vision**（**ビジョン**）：A global force for Learning-through-Play（遊びを通じて学ぶ経験を世界に広げる）
- **Idea**（**アイデア**）：System-in-play（遊びのシステム）
- **Values**（**バリュー**）：Imagination（想像力）、Fun（楽しみ）、Creativity（創造力）、Caring（思いやり）、Learning（学び）、Quality（品質）
- **Promises**（**約束**）：Play Promise（遊び）、People Promise（人）、Partner Promise（パートナー）、Planet Promise（地球環境）
- **Spirit**（**モットー**）：Only the best is good enough（最高でなければ良いと言えない）

この枠組みによって、レゴは会社の価値を高めるための共通の物差しが出来上がった。

「自社の存在意義を明確にし、どんな価値を大切にしているか。それらを言葉にして初めて社員に浸透させられるし、欲しい人材像も説明できる」

２０１２年から２０１７年までレゴのＣＦＯを務めたジョン・グッドウィンは言う。

全社員が共有できるレゴの価値を明確に言語化したことで、レゴが求める人材像を、誰もが共有できるようになった。

社員にオーナーシップを持たせる

会社の目指す方針を明確にしたレゴは、さまざまな制度によってこれを体現していった。特に力を入れたのが、社員の働きがいを高める取り組みだ。

「優秀な人材を引きつけるには、魅力的な職場環境が不可欠だ」

CEOのクリスチャンセンは言う。

一例が、2021年にデンマークのビルンに竣工した新本社である。分散していたオフィスを、5万4000平方メートルの敷地に作った複数のビルに集約。宿泊もできる福利厚生施設なども建設し、約2000人が働く。玩具メーカーならではの楽しい雰囲気とともに、社員の働く意欲を高める仕掛けが随所に施されている。

新オフィスの設計に当たって、レゴが最も大切にしたのが、「オーナーシップ」というキーワードだった。

オーナーシップとは社員一人ひとりが、主体的に自分の仕事に責任と裁量を持って働くことを指す。自律した社員が集まり、相互に協力し、承認し合える場や、それを支える制度をデザインすることが、価値を生み出す礎になるとレゴは考えている。

「オーナーシップを持った働き方が、モチベーションや社員満足を高める」

クリスチャンセンは説明する。

それを実現する具体的な手法として、レゴは新オフィスにアクティビティ・ベースド・ワーキング（ＡＢＷ）という働き方を導入した。この特徴は、社員が自分の業務や活動に合わせて、執務エリアを主体的に選べる点にある。

例えば、一般的なデスクタイプの執務スペースのほかに、一人で集中したい人のためには、防音設備のある個室を用意。ほかにも、カジュアルな打ち合わせのためのソファスペースを備えたり、プレゼンテーション用に少し広い会議室を設けるなど、働き方や目的に応じて最適な仕事環境を用意している。

新社屋ができるまで、レゴ本社では社員一人ひとりに固定席が割り当てられていた。社員は会議などで席を離れることはあっても、基本的にオフィス内を動き回ることはなく、特定の場所で働いていた。

「どの場所で働くかというオーナーシップを社員に委ねると、働き方自体も能動的になる」

新オフィスの働き方をデザインしたメンバーの一人、レゴのアネケ・ベールケンスはこう説明する。業務内容や気分によって働く場所を選び、環境を変えることでモチベーションを高め、パフォーマンスを発揮してもらう狙いだ。

所属意識の喪失に課題

ただし、ＡＢＷにも課題はある。ＡＢＷでは社員の所属感が乏しくなるのだ。ＡＢＷの導入を検討する過程の調査では、社員は自由でオーナーシップのある働き方に魅力を感じる一方、自分が組織に所属していることを感じる機会が減ったという声が多く挙がった。

「ここが自分の居場所だ」という感覚が希薄になれば、不安を生み出してしまう。上司と部下が、常に職場で顔を合わせているわけではないので、「自分は本当に部下を理解しているか」「上司は私の成果を認識しているのか」という疑念が生じやすくなる。そうした状況が続けば、業務のパフォーマンスに影響を与えかねない。

レゴの新オフィスで働く社員は約２０００人。何の工夫もないままＡＢＷを導入すると、社員の所属意識の喪失感が大きな課題になる可能性があった。

デンマークの本社では、世代や環境の異なるさまざまなバックグラウンドの人が働いている。若い社員だけでなく、レゴで長く働いてきた年齢層の高い世代の人も少なくない。それが、いきなり固定席を失い、一気にＡＢＷへと移行すれば、混乱が生じる懸念があった。

コミュニティをつくって巻き込む

では、どうすれば社員の所属感を高められるのか。レゴは現状、次の2つの施策を試している。

一つは「Neighborhood」という仕組みだ。直訳すると、ご近所という意味だが、オフィススペースの中に、ゆるやかに自分の所属するチームが働くエリアを割り当てる。例えば「営業部門はこのフロアのこのエリア」「マーケティングはここ」といった形で、それぞれの社員に向けて働くエリアを推奨している。

基本的には、自分たちが作業をしたい場所で仕事をして構わないが、ゆるやかにチームが働くエリアを割り当てることで、自由を担保しながらも、不安感の解消を狙っている。

もう一つは、コミュニティの形成である。社員の所属意識を大切にするために、共通の趣味や関心のある社員と集まれる第3の場所を用意する。

その象徴がピープル・ハウスと呼ぶ新棟だ。レゴ社員の交流のために用意された建物で、イベントスペースやジムなどのほか、社員向けの宿泊施設も完備する。

ここには専任のコミュニティ・マネージャーが常駐し、社員同士が交流できるアクティビティが常時、企画されている。社員が自主的に活動に参加したり、自分でイベントを主催したりすることもできる。

「人間の創造性を解放するには、安心できる人間関係が必要だ。そのためには、自分の居場所があるというコミュニティが大切になる」

オフィスプロジェクトのメンバーの一人、ティモシー・アーレンバッハはこう説明する。

この効果を定量的に測定することは難しいが、社員のモチベーションに与える影響は大きい。社員の自律性を担保しながらも、「ここが自分の居場所だ」という安心感を持ってもらう仕組みづくりの試行錯誤は続いていく。

もっとも、状況は絶えず変化している。新型コロナの感染拡大によって、社員の働き方は大きく変化した。多くの世界企業がコロナ後の働き方を模索するなか、レゴも、現在は在宅勤務と出勤のいずれかを社員が自由に選択できる体制を取っている。

「基本は在宅で仕事を進め、クリエイティブな対話が必要な時には出勤する。プロジェクト内容や状況に応じて社員が柔軟に働ける選択肢を増やしていきたい」

ＣＦＯのイェスパー・アンダーセンは言う。

ただし、まだ答えは見えていない。在宅勤務の期間が長引くほど、所属意識を求める社員は増えていくだろう。

存在意義を繰り返し説く

レゴは、オーナーシップを持った働き方の定着には、会社の存在意義を一人ひとりの社員に浸透させることが大切だと考えている。

レゴは、何のために存在しているのか。

そこに向かって、どのように変化していくのか。

社員に向け、こうした考えを先頭に立って発信していくのが指導者の役割だと、クリスチャンセンは言う。

「リーダーは社員にやることを逐一指示するのではなく、目指すべき大きな方向感を示す。そのよりどころとなるのが、会社の存在意義である」

新型コロナの感染拡大を例に挙げるまでもなく、我々を取り巻く環境は常に不確実だ。予測不能な事態が起きても、社員が柔軟で自律的に動けるようにするには、ルールで縛るのではなく、存在意義でつながる組織にしていくことが大切になる。

「レゴの存在意義とは、子供たちとその成長に貢献することである。すべては子供たちのために活動しなければならない」

レゴの明確な存在意義を繰り返し説きながら、社員に浸透させている。

「レゴで長年働いてきた人も多く、レゴとはどんな企業かを肌で理解している社員も多い。この財産を次の世代に継いでいくのが、私の大きな役割だ」

こうクリスチャンセンは言う。

無論、その努力を怠れば、企業文化はすぐに色あせ、社員は離れていく。過去の経営危機はレゴの大きな教訓になっている。

言葉や職場、制度を通じて、存在意義を伝え続ける。一朝一夕で成果は得られない、長期的な取り組みだ。

「社員が朝起きて、今日も一日仕事を頑張ろうと心から思えるか。社員が存在意義を理解し、オーナーシップを持っていれば、大半の社員が明確にイエスと答えられる。それが理想の姿だ」

こうクリスチャンセンは言う。

会社を通して自分が何をするかという意義を明確にし、それを社員に浸透させる努力を愚直に続けること。

それが、世界で戦うPurpose Driven Company（意義主導型の会社）の条件になる。

第9章

危機、再び

終わらない試行錯誤

写真：2017年にレゴ創業の地にオープンした体験型施設「レゴハウス」

2017年9月28日。この日、レゴ創業の地であるデンマークのビルンは、普段とは違う雰囲気に包まれていた。

町の中心部にある旧市役所前の広場には、早朝から続々と人が集まり、その数は午前中に数百人規模に膨れ上がった。子供連れ、若いカップル、老夫婦……。広場は人であふれ、一帯はちょっとしたお祭り騒ぎの様相を呈していた。

各地から集まった人々の目的はただ1つ。新たにオープンする、真新しい建物のお披露目式に立ち会うことだ。

「レゴハウス」と名付けられた施設は、レゴが竣工する最新のランドマークである。「Home of Bricks（ブロックの故郷）」というコンセプトの下、レゴが長年培ってきた遊びの哲学を体験できるさまざまな場が用意されている。

真っ白なコンクリートの壁と、大きなガラス窓で構成された建物は、上空から眺めると、いくつものレゴブロックを積み上げたような形をしている。

それぞれの〝ブロック〟の上面は、赤、青、黄などの色に塗り分けられ、レゴのイメージカラーと遊び心を際立たせている。設計したのは、米グーグルの親会社であるアルファベットの新本社ビルなどを手がけたデンマーク人の著名建築家、ビャルケ・インゲルス率いるBIG（ビャルケ・インゲルス・グループ）だ。

建物の周辺が喧騒に包まれるなか、午後1時すぎ、レゴハウスの特設会場でオープニングセレモニーが始まった。

子供たちの新しい楽園

「子供たちの新しいキャピタル（中心地）をつくりたいという私の念願が、今日、ようやく叶った」

冒頭、創業家3代目のケル・キアク・クリスチャンセンが挨拶した。

「レゴハウスの完成によって、レゴの歴史にまた新たな一ページが加わった」

感慨に満ちた表情で、ケル・キアクは丁寧に謝意を表した。レゴハウスは、ケル・キアクが長らく温めてきた構想だった。

「レゴハウスは、遊びを通じて学ぶというレゴの哲学がどんなものか、実際に体験しながら理解できる場所だ」

60年以上にわたってブロックの開発を続けてきたレゴは、その歴史の中で、子供たちが組み立てて遊ぶ行為から、いかに多くの能力を獲得しているかを発見した。

「創造力、認知力、社会性——。いずれも創造的な思考を育むために不可欠な能力だ」とケル・キアクは言う。

レゴハウスには、これらを4つのスキルに集約し、レゴブロックを用いた遊びを通じて、具体的に感じ、引き出せるような仕掛けを用意している。

例えば、館内で「ブルー・ゾーン」と呼ばれる認知力を高めるエリアには、巨大なジャンプ台とレゴブロックが用意されている。

子供たちは巨大なジャンプ台から最も遠くに飛躍できる、レゴで組み立てたクルマを作る課題を与えられる。より遠くにクルマをジャンプさせるには、レゴをどのように設計すればいいのか。タイヤは4つがいいのか、2つがいいのか。着地しても壊れない堅牢性をどう保つのか。クルマの設計を通して、子供たちは、空間認知や物理の法則を理解していく。

創造力をコンセプトとした「レッド・ゾーン」と呼ぶ部屋では、大量のブロックが敷き詰められた〝レゴの海〟で、自分だけの作品の創作に没頭できる。動物やロボット作りといったさまざまなテーマのワークショップが定期的に開かれ、子供たちは、自分の作品を自由に飾って披露する場が用意されている。

「ブロック遊びという体験から、子供たちは無意識のうちにさまざまな力を獲得している。いずれのスキルも、これからの社会に不可欠と言われるものばかりだ」

ケル・キアクはこう胸を張った。

セレモニーに参加した関係者は、来賓だけでざっと100人以上。デンマーク大手企業の幹部や教育関係者、政治家のほか、4人の子供たちがレゴの大ファンだというデンマーク王室のフレデリック皇太子夫妻の姿もあった。

幹部やゲストの挨拶が終わると、いよいよ市民向けにレゴハウスを披露するイベントが始まった。待ちわびた地元民や近隣住民は、堰を切ったように真新しい施設に殺到した。

「新しいランドマークの完成は、ビルンの活性化にもつながる」

ビルン市の関係者も、新たな施設の完成を喜んだ。

夕方、記念セレモニーは滞りなく終わり、ケル・キアクは、満足げな表情を浮かべていた。

もっとも、参列したレゴ幹部の心中は、決して穏やかではなかった。晴れやかな舞台の裏で、レゴ社内は激震に見舞われていたからだ。

13年ぶり減収減益の衝撃

騒動の発端は、レゴハウスのセレモニーが開催される約3週間前、9月5日に発表した２０１７年6月中間期の決算にあった。

「残念な結果を報告しなくてはならない」

午前10時を少し回って始まった電話会見の冒頭、２０１７年1月からレゴ・ブランド・グループ会長を務めるヨアン・ヴィー・クヌッドストープはこう切り出した。

上場企業ではないレゴは本来、報道関係者に対して決算を説明する義務はない。しかし、今や玩具メーカー最大手となり、業績も米マテルや米ハズブロを上回るレゴは、業界に与える影響が大きい。このため自主的に、半期に一度の決算を報告し続けてきた。

それまでの決算会見は、クヌッドストープのお決まりの台詞からスタートしていた。

「今年もすばらしい結果に終わった」という好結果の報告だ。

レゴの業績は、かつての経営危機を乗り越えた２００４年12月期から13年連続で増収増益を更新していた。

特に２００９年から２０１３年にかけては、売上高の年平均成長率が20％を超え、業績は玩具業界でも突出していた。ブロックという単一製品しか扱っていない点を考慮すれば、５年連続の20％成長は驚異的である。その急伸ぶりは、玩具メーカーの枠を超えて大きな注目を集めていた。

ところが、今回の発表では冒頭から様子が違った。クヌッドストープは緊張した声で、中間期の結果を慎重に読み上げた。

「2017年6月期の売上高は前期比5％減の149億デンマーク・クローネ（約2488億円）、営業利益は同6％減の44億デンマーク・クローネ（約734億円）。残念ながら減収減益という結果に終わった」

中間期ながら、13年ぶりの減収減益に転落したことを明らかにしたのである。

衝撃の大きさは、その後に殺到した報道関係者の質問の多さが物語っていた。記録が途絶えた事実もさることながら、何より報道陣が驚いたのは、増収増益のペースが鈍化したのではなく、いきなりの減収減益に転落したことだった。

確かに、2016年12月期の売上高は前期比5・1％増、営業利益も同1・7％増と増収増益のペースは落ちていた。しかし、一転して減収減益に陥るとは誰も予想していなかった。

報道陣の質問はただ1つ、「なぜか」という点に集中した。

成長の過程で生まれたひずみ

「端的に言えば組織の問題だ。人が増え、組織が大きくなった結果、ひずみが目立つようになった。意思決定に時間がかかるようになり、子供たちに受け入れられる商品を的確に投入できなくなってしまった」

言葉を選びながら、クヌッドストープは回答した。

レゴグループはこの10年間で、急激な成長を続けてきた。売上高は約5倍、営業利益は約9倍に増えた。

経営陣も、この成長に見合った体制をつくるために、急ピッチで組織を拡大してきた。ビルンにある本社のほかに、ロンドンやシンガポール、上海に地域戦略拠点を開設。グローバル化を一気に進めてきた。

増え続けるブロックの需要に対応できるよう、生産能力も拡張した。ビルン、メキシコ、チェコ、ハンガリーに加えて、中国の嘉興《カコウ》市に新しいブロック生産工場を開設。グローバル配送網も強化し、世界各地の市場に製品を効率よく、的確に届ける体制を整えた。2012年に約1万人だった社員数は、2017年には約1万8000人にまで増えた。

本来なら、これだけ投資をしたのだから、それに見合ったリターンが出てもいいはずだ。

ところが、結果的には想定したほどの成果は得られなかったという。

「見込んだほどのニーズが高まらず、供給が過剰になってしまった」

これが、クヌッドストープが説明する不振の真因だった。

一方で組織の急拡大は、レゴ内部の意思決定にさまざまな副作用を生んでいた。急激に人が増え、組織の階層化が進んだ結果、似た機能の部門やポジションが乱立するようになった。コミュニケーションが混乱し、責任者不在で意思決定に支障をきたすようになった。

リサーチ、製品開発、マーケティング……。すべての部門で確認プロセスが増え、何をするにも時間がかかるようになった。

「プロセスが複雑になった結果、経営幹部と顧客である子供たちとの距離が離れてしまった」

あるレゴ社員は言う。

2000年代の危機から脱した直後のように、ニーズを拾い上げて、適切なタイミングで製品を投入することが難しくなり、組織全体の製品開発にマイナスの影響を与え始めていた。急激な組織の拡大は、こうした課題そのものを経営幹部から見えにくくしていたのである。

「子供たちの求めるレゴはどうあるべきかという、本来力を注ぐべき仕事よりも、社内の調整ばかりに時間を取られるようになった」

別のレゴ社員は振り返る。

一部の社員は「創造的な仕事ができない」と不満を抱き、レゴを去り始めていた。

一度、リセットボタンを押す

このまま事態を放置すれば、レゴは競争力を落としかねない。そうなれば再び、経営危機に直面するのは明らかだった。

「今回の減収減益は、そうした兆候を示すシグナルである。我々はこの事実を重く受け止めた」

クヌッドストープはこう説明した。

現在のレゴは、ややアクセルを踏みすぎて、本来進むべき成長のレーンから外れてしまった。ここでいったん立ち止まり、軌道修正をすべき段階にある。

「私たちは一度、リセットボタンを押す必要がある」

そう言うと、事業の立て直し策を明らかにした。

まず、２０１７年内にレゴグループで社員全体の８％に当たる１４００人を削減する。社内に重複する部門や職責の統廃合を進め、組織のつくり直しにも着手する。

「残念ながら、会社を去ってもらわなければならない人もいる。しかし、これまでレゴに貢献してくれた社員には、最後の１人まで責任を持ってサポートする。レゴが今後も成長を続けるために必要な措置であることを理解してほしい」

一方で、レゴは決して経営危機に陥ったわけではないと訴えた。

「２０００年代のような経験を二度と繰り返さないためにも、早く手を打ったと理解してほしい」

クヌッドストープはこの点を何度も強調して、会見を終えた。

「レゴを称賛する時代は終わった」

しかし、額面通りにこの言葉を受け取った報道関係者は少なかった。その日の午後、英米の大手メディアはレゴの中間決算を大々的に取り上げると、レゴが再び危機に陥ったと報じた。
「レゴ、1400人削減へ　デジタル世代対応で苦戦」（米ウォールストリートジャーナル）
「レゴ、10年以上の増収記録に終止符」（英フィナンシャル・タイムズ）
「減収減益、デジタルの逆風を受けるレゴ」（米CNBC）
「レゴ、減益で1400人削減　大作映画提携も寄与せず」（米ニューヨーク・タイムズ）

非上場企業としては異例の大きさで、大手紙はレゴのニュースを扱った。多くはその原因を、クヌッドストープの説明した組織の問題とは見なかった。むしろ、スマートフォンやタブレットの普及が、レゴから再び、子供たちの可処分時間を奪っていると分析した。ちょうど20年前、テレビゲームの台頭によって危機に陥った状況と重ね合わせたのだ。

中でもレゴの経営を痛烈に批判したのが、英フィナンシャル・タイムズだった。
「もはやレゴを称賛するべきではないし、栄光は過去のものになった。レゴの成功は、これまで数多くのビジネススクールのケースで取り上げられ、成功を礼賛した本もある。しかし、そろそろ高い評価を控える時期に来ている」

こう書いた上で、レゴは自分たちの成長神話が終わったことを自覚すべきだと、厳しく指摘した。

新CEOが8カ月で退任

確かに、その予兆はあった。

そもそも、今回の決算発表の場に、クヌッドストープが登壇すること自体が異例だった。というのも、クヌッドストープは2016年12月にCEOを退任し、2017年1月からはCOOを務めたバリ・パッダが、新CEOに昇格していたからだ。

ところが、パッダは8カ月後に突如、CEOを退任する。

一身上の都合という以外に明確な理由が明かされることがなかったため、さまざまな臆測が飛び交った。CEOのポストは空席となり、後任が2017年10月に就任するまでの間は、クヌッドストープが再び経営の指揮を執るという事態に陥っていた。

再び、あの日に戻ってしまうのか——。

成長を謳歌した時代は終わり、これからは再び下り坂を転げ落ちていくのかもしれない。トップ人事の混乱を前に、レゴ関係者に悪夢が蘇った。

大企業の動かし方を熟知した人物

しかし、クヌッドストープら経営陣の判断は早かった。水面下で、レゴの経営を仕切り直す適任者を急遽《きゅうきょ》、探していたのである。

「今、必要なのは、レゴをグローバル企業へと導ける、組織づくりに長けたトップだ。適任者は必ず見つかると信じている」

同じ轍《てつ》は踏まない——。クヌッドストープはこう信じて、後任ＣＥＯの人選が佳境に入っていることを明らかにした。

そして、白羽の矢が立ったのがニールス・クリスチャンセンだった。

米マッキンゼー・アンド・カンパニーのコンサルタント経験を持ち、ダンフォスというデンマークの水圧機やインバータなどを製造するメーカーをＣＥＯとして率いていた。

華やかで多弁なクヌッドストープとは対照的に、寡黙で静かな雰囲気を漂わせるが、周囲の状況を見ながら的確に意思決定を下す冷静さには定評があった。

「大企業の組織づくり、そして人の動かし方を知っている」というのが、周囲のクリスチャンセン評であり、レゴが招聘《しょうへい》した最大の理由でもあった。

そして、減収減益を発表した中間決算から約半年後の２０１８年３月６日。

この日、レゴハウスで開いた２０１７年12月期決算会見の場で、新たにＣＥＯに就任したクリスチャンセンが、初めて報道関係者の前に姿を現した。

張り詰めた表情で登壇したクリスチャンセンは、自身の挨拶もそこそこに、２０１７年の業績を振り返った。

「昨年はレゴにとって挑戦的な年だった。売上高は前期比で８％減り、税引き前利益も減益に終わった」

会長のクヌッドストープが中期決算で予言していた通り、レゴは通期で13年ぶりの減収減益に沈んだ。

就任のお祝いムードはほとんどなく、クリスチャンセンも明らかに緊張していた。沈んだ雰囲気の中、１８０センチを超える長い体を折るように、淡々と業績を説明していく。レゴにとって驚異的な成長が続いた時代が区切りを迎えたこと。しかしレゴは決してこの業績に満足しているわけではないこと。

ひとしきり業績の説明が終わると、会見に参加した多くの報道陣の関心を先取りするように、今後のレゴの再成長に向けた計画を語り始めた。

反転攻勢の体制を整えた

「2017年9月に、会長のヨアン（・ヴィー・クヌッドストープ）が、再成長に向けたリセットボタンを押すと宣言した。その際に表明した1400人の人員削減は、既に完了している。これまで成長の喜びを分かち合ってきた仲間と別の道を進むのは残念だが、多くの人が新しいキャリアの道をスタートさせた。レゴとしては、これ以上の削減計画はない」

危機的な状況に突入する前に、躊躇《ちゅうちょ》なく人員整理を断行したことで、コストを抑制し、社内に緊張感を醸成して気持ちを引き締める効果もあったという。

その上で、クリスチャンセンは守りと攻め、両面から経営を立て直すことを明らかにした。

守りでは、まず組織のテコ入れを実施すると宣言した。

クヌッドストープがあまりにも複雑化していたと語っていたように、急成長を続けた結果、入り組んでいた組織に対して、クリスチャンセンはCEO就任後、すぐに手を打った。

階層構造を簡略化し、全世界に9人いる地域統括責任者が、直接CEOに業績を報告するようにした。それまで、地域統括責任者と経営首脳陣の間に存在した管理ポジションを減らしたのだ。その上で、権限も現場に委譲。プロジェクトの可否の判断を即決できる体制に改めた。消費者と経営陣の距離を縮め、再び意思決定のスピードを高めることを狙った。

2つ目が、余剰在庫の解消だった。

13年連続の増収増益は、レゴに急成長をもたらしたが、一方で、小売店には余剰在庫が大量に発生していた。

2010年の棚卸資産は、13億デンマーク・クローネ（約188億円）だったが、これが2016年には30億デンマーク・クローネ（約495億円）と2倍以上に増加。売れずに滞留する在庫が、この13年の間に、着実に積み上がっていた。

レゴの売り上げは、毎年およそ5割超が新製品で占められている。それを考えると、売れ残った在庫は店舗に滞留し、それらの安売りが新製品の販売にも悪影響を与える。

クリスチャンセンは就任後、この過剰な在庫を解消する必要があると判断した。レゴから小売店への販売量を絞り込む一方で、小売店に、店内の在庫を販売してもらうよう要請した。これらを2017年12月期に一括して処理したのだ。

結果、棚卸資産は23億デンマーク・クローネ（約384億円）と、1年前の2016

年12月期に比べて約3割削減した。2017年12月期の減収減益は、小売店に対してレゴの販売量を減らしたことに起因しているとクリスチャンセンは言う。

「小売店から子供たちに渡ったレゴの総量は減っていない。最大の商戦であるクリスマスシーズンも好調だった。その意味では、2017年の減収減益は、レゴが子供たちから支持を失ったことが本当の理由ではなく、立て直しにかかる費用増が大部分を占めた」

成長エンジン、中国市場に張る

組織のつくり直しや在庫の解消に手を打ちつつ、クリスチャンセンは成長に向けた攻めの展開について言及することも忘れなかった。

レゴの再成長に向けてクリスチャンセンが挙げたポイントは、大きく3つある。

一つは、成長が見込める市場へのさらなる投資の拡大だ。

具体的には、レゴが成長の柱として据える中国市場の深耕である。従来の主戦場だった欧米市場の伸びが鈍化するなかで、中国市場はこの4年間、2ケタ成長が続いている。2017年も、欧米の主力市場が前年割れした一方で、中国はプラス成長を続け

急成長する中国市場を支える嘉興工場

ていた。

「レゴの成長にとって、中国の重要性が高まっていくのは間違いない」

そうクリスチャンセンは言い、２０１６年11月に竣工した中国・嘉興《カコウ》の最新生産拠点に期待を寄せた。

同施設は、レゴがデンマーク・メキシコ、チェコ、ハンガリーに続いて稼働した５つ目のブロック生産工場だ。

サッカー場20個分に相当する16万５０００平方メートルの広大な工場で、ブロックの成形から製品の箱詰めまでを一手に担う。これまでのレゴ工場の中では最大規模で、建設には1億ユーロ（約１３０億円、１ユーロ＝１３０円で換算）超を投じた。箱詰めされた製品は中国のほか、インドネシア、マレーシア、シンガポールといった東南アジア地域に出荷されていく。東南アジア向けの製品供給の8割をこの工場が担う。

「中国でのレゴブロックの人気はかつてないほど高まっており、レゴの需要は今後さらに盛り上がる」とクリスチャンセンは自信を見せている。

レゴを体験できる直営店を増やす

生産拠点を築くと同時に、レゴは中国での直営店「レゴストア」も急ピッチで増やしている。

組み立てるという価値を訴求するためには、物理的にブロックに触れることのできる場を増やすことが不可欠だ。

「ネットでレゴの名前を知った顧客が、店舗でブロックの組み立てを体験することでファンになるケースは多い」

レゴのCMO（最高マーケティング責任者）を務めるジュリア・ゴールディンは言う。

レゴを知らないユーザーが多い市場では、店舗でその世界観を見せることも大切になる。

その最前線が中国市場であり、レゴは２０２０年単年に全世界でオープンした１３４店のうち、７割近い91店舗を中国に開設した。

同時に中国では、現地のパートナー企業を通して、デジタル領域で、レゴのブランドを浸透させていく。

２０１８年1月、レゴは中国のネット大手、テンセントとの提携を発表した。テンセントは、中国版ＬＩＮＥとも言える無料チャットソフト「微信（ウィーチャット）」をはじめ、オンラインゲームなどを手がける複合ネット企業だ。

テンセントとの提携によって、レゴは、ネット上の安全性を担保しつつ、コンテンツを流通させていく販路を中国で得た。著作権を担保しながら、テレビ番組などの共同開発も進めていく計画だ。

さらに中国では、レゴを教材に活用する機運も高まっている。

伝統的な読み・書き・算盤に加えて、子供の創造的思考を育みたいと考える親は中国でも多い。そこでレゴは、玩具だけでなく、教育サービスを含めた全方位で、中国市場を開拓していく計画を立てている。

中国で蓄積した知見やノウハウは、そのまま新たな市場開拓にも応用できる。中国の次に狙っている市場は、中東やインド、そしてアフリカ大陸だ。２０１９年には、

ＵＡＥ（アラブ首長国連邦）のドバイにも新たな拠点を開設した。

「現状、レゴは売上高の約８割を、欧米など、全世界の２割程度の国々で稼いでいる。この収益構造は約20年、ほとんど変わっていない。残り８割の国を開拓することで、レゴはまだまだ成長できる」

こう、クリスチャンセンは言う。

デジタルで狙う新しい遊びの体験

クリスチャンセンの描くレゴ再成長に向けたもう一つの重点分野は、デジタルとの融合だ。

「デジタルとひと言でいっても、その姿は30年前と大きく異なっている」

かつて、レゴのデジタルとの融合といえばゲームが中心だった。しかし現在はスマートフォンを中心に、動画や音楽、ＳＮＳ、プログラミングなど、レゴが融合できるデジタル領域は格段に広がっている。これらの領域と、レゴの遊びの体験をどのように組み合わせていけるのか。これが、レゴの成長のカギを握る。

クリスチャンセンが一例として挙げたのは、プログラミングができるレゴとして知られる「レゴマインドストーム」シリーズだった。

２０２０年にはマインドストームの最新作を発売。新版では、スクラッチを基盤とした汎用的なプログラミング言語を利用可能にし、レゴの遊び方をより広げる工夫を施した。

「もちろんデジタルの融合といっても、レゴが組み立て体験から逸脱することはない。レゴにとっての最大の競争力は、今までと変わらず、ブロックの組み立てにある」

クリスチャンセンはこう強調する。

レゴ本来の強さを軸に、再び長期的な成長に向けた体制をつくり直せば、必ずレゴは復活できる。

「レゴは、手をこまぬいていたわけではない。再成長に向けた対策を、もう打ち始めている」

２０１７年のクリスチャンセンのテコ入れ宣言から４年。

第1章で見たように、レゴの２０２０年12月期の連結売上高は過去最高益を記録した。さらに、２０２１年9月28日に発表した２０２１年６月期決算でも、中間期としては記録的な好業績を明らかにした。

中国市場は成長が加速し、デジタルとの融合も、「レゴスーパーマリオ」というヒットが誕生。「レゴライフ」などファン向けのＳＮＳも堅調に利用者が伸びている。

さらに、コロナ禍を経て、レゴは自宅勤務によって時間に余裕のできた大人のファンの取り込みにも成功している。

サステナビリティを追求する企業としての認知度も高まった。

クリスチャンセンは公言通り、レゴを再活性化し、成長軌道へ戻すことに成功した。

イノベーションの殻を破り続けられるか

ただし、この先もレゴが安泰である保証はない。事業環境は今も目まぐるしく変化し、リスクは至るところに潜んでいるからだ。

例えば、レゴの競争力の源泉であるブロック。成長市場の中国では、レゴの模倣品の品質が年々向上している。

２０１６年に中国工場が竣工した際、英ＢＢＣ放送は興味深い実験を放映した。レゴの工場長に、本物のレゴと偽物のレゴを渡し、どちらが偽物かを言い当ててもらった。すると工場長は、本物と偽物を間違えてしまったのだ。

レゴは悪質な模倣品については訴訟を続けており、２０１７年12月には中国国内のメーカーに対して模倣品の製造・販売を禁じる命令を獲得している。しかし、廉価でレゴと見た目も遜色ない模倣品は、今後の成長市場を取り込む上でのリスクになり続けるだろう。中国メーカーが模倣ブロックでインドやアフリカ市場を席巻してしまうようなことがあれば、レゴの成長戦略にも影響を与えかねない。

「レゴアイデア」で切り開いたユーザーイノベーションも、絶えず見直し、進化させていく必要がある。SNSの浸透によって、ユーザー同士が作品を融通し合う環境は刻々変化している。「レゴアイデア」では、最終的な製品化はレゴが担うが、現在ではレゴを経由せずにユーザーが作品を投稿し、その作品を作れるブロックを販売するサイトも増えている。

2019年にレゴが買収した「ブリックリンク」はその先駆けだが、今後さらにユーザーの影響力が高まり、製品開発の主導権がレゴからユーザーへと移っていく可能性もある。預り知らぬところでファンが勝手に製品開発を始めれば、レゴも静観してはいられないだろう。

米マサチューセッツ工科大学（MIT）教授のエリック・フォンヒッペルが指摘するように、レゴはどこかでユーザーイノベーションに対する腹をくくる必要に迫られるかもしれない。

デジタルゲームとの競争も終わりがない。2020年には「レゴスーパーマリオ」によって、デジタルとレゴを組み合わせた新しい遊びを提示したが、ゲームとの間で子供の可処分時間を奪い合う構図は、これからも続いていくだろう。

オンライン版レゴとして世界中にファンを抱えるマインクラフトは、今も子供から大人まで盤石な人気を誇り、「ロブロックス」といったレゴにインスピレーションを得たと思われる新手のオンラインゲームも次々と登場している。そうしたコンテンツを凌駕《りょうが》する魅力を示し続けなければ、子供たちはゲームの世界からは戻ってこないだろう。

一方で、多くの親は子供をデジタルと切り離したくてレゴで遊ばせているという側面がある。

「仮にレゴがデジタルと融合し切ってしまうと、むしろ魅力が削がれたと感じる親が増える可能性がある」

ＭＩＴスローン経営大学院のデビッド・ロバートソンは、レゴが難しい状況に置かれていると指摘する。

デジタル端末は世界的に低廉化が進み、スマートフォンとレゴの価格が変わらない状況になりつつある。誰もがスマートフォンゲームに触れられる時代に、どのように組み立てる体験を提示していくかという挑戦は、決してなくならない。

長い歴史の中で、レゴは危機に直面するたびに、自らの価値を問い、消費者に提供できる価値を増やし、大きな飛躍の原動力としてきた。

子供のための玩具から、世代を超えた商品として価値を広げ、さらには学びを促すツールとしても使われるようになった。

レゴの本質的な価値とは何なのか。

それは、危機を通じて身につけた、レゴブロックの持つ魅力を時代に応じて変化させる適応力にある。

商品そのものを見れば、ライバルがいとも簡単に模倣できるプラスチックのブロックでしかない。それでも価格競争や技術競争に巻き込まれないのは、常にレゴがそのブロックに新しい価値を与えてきたからだ。

いったん、築いたブランド力に安住せず、試行錯誤を繰り返しながら、常に新しい価値を模索し続けていくこと。その努力を止めた途端にコモディティの波にのみ込まれる。

真の強みから軸をぶらさず、いかに変わり続けられるか――。

守るべきものと変えるもののバランスを取り、永続的な成長を果たしていくことが、クリスチャンセンら経営陣に課された課題だろう。

その過程では、レゴの価値を再び問い直す局面が訪れるかもしれない。ブロックの組み立て体験という価値も、絶対ではないのだ。

なぜ、成長を続けるのか。

会社はどんな存在意義を持って、何を目指すのか。

こう問い続け、現状に安住せずに常に変化を止めないことだ。

そこからしか、コモディティを脱するための道はない。

そして、レゴの歩みは、ＡＩの広がりによってコモディティ化のリスクにさらされている私たち一人ひとりにも大きな示唆を与えるはずだ。

変化は、もう始まっている。

あなたが、社会に与えられる価値は何か。

あなたには、変わり続ける覚悟があるだろうか。

Interview

遊びながら学ぶ企業文化を創り続ける

レゴグループCEO
ニールス・クリスチャンセン
Niels B. Christiansen

2017年10月から現職。米マッキンゼー・アンド・カンパニーでコンサルタントとしてキャリアを始めた。レゴ参画以前は、水圧機やインバータなどを製造するデンマークの大手メーカー、ダンフォスのCEOを9年間務めていた。デンマークの補聴器会社大手デマンドの取締役会会長、食品包装会社スイスのテトラ・ラバル・グループの取締役も務める。

――レゴが今後も成長を続けるためには、何が大事だと考えていますか。

「魔法のような方法があればいいのですが、残念ながら秘策はありません。世界の大局的な変化（メガトレンド）をにらみながら、自社をいかに適応させていくかに尽きます。レゴにとっての当面の課題はデジタル化です。デジタル化の波が、私たちの製品や子供たちの遊び方に、どのような影響を与えるのか、注視する必要があります」

「レゴ製品自体のデジタル化には、実は長い歴史があり、決して敵ではなく、可能性だと捉えてきました。さまざまな年齢の子供たちが、デジタル化の影響を受け、遊び方は大きく変わっています。私たちもそれに対応して試行錯誤を続けています。直近では、『レゴスーパーマリオ』が大ヒットしましたが、デジタルと物理的なブロックをかけ合わせた遊びには、まだまだ無限の可能性があります。長期的な視点に立って投資を続けていく考えです」

「製品や遊び方だけでなく、レゴという会社そのもののDX（デジタル・トランスフォーメーション）も大切です。私たちのサプライチェーンや働き方にも大きなインパクトを与えていますから。コロナ禍以降、オンライン経由の購買が大幅に伸びていますが、こうしたインフラ面での継続的な改善も不可欠だと考えています」

「現在進めているのは、ユーザーが1つのIDで、レゴのプラットフォームを自由に往来できる仕組みです。『レゴストア』『レゴランド』『レゴアイデア』など、さまざまなサービスをシームレスにつなぎ合わせ、安心して楽しめる基盤を構築中です」

――コロナ禍以降、レゴの経営方針は変化しましたか。

「ミッションにある通り、ひらめきを与え、未来のビルダーを育むという方針はまったく変わりません。一方で、日々の事業を展開する上でのアプローチは絶えず変わっています。一例が、社員の働き方。チャットやビデオ会議システムなどを活用し、在宅勤務でも滞りなくコミュニケーションできる体制を構築しています。オフィス環境もデジタル化を進め、在宅とオフィスそれぞれの生産性を高める体制を整えています」

「意思決定の方法も変わりました。２０２１年、デンマークのビルンに完成した新本社は、従来の本社とは位置付けがまったく異なります。これまでは、全体の戦略を本社で決定し、それをほかの拠点に下ろしていくようなピラミッド型の組織構造でした。そのトップに君臨するのが本社だったのです。しかし、これだけ情報技術が発達し、トレンドが変化する時代になると、本社が常に最新の情報を把握できるとは限りません」

「そこで、本社と支社の関係をピラミッド型ではなく、情報を対等にやり取りするフラットな関係に変えています。レゴで運用しているさまざまな制度や知見は、海外拠点であるロンドンやシンガポール、上海から逆輸入するケースも増えてきました。ほかの拠点のノウハウをスムーズに吸収するには、本社と支社という上下関係は障害になる場合もあります。従って、すべての拠点で同じ企業文化と働き方を維持し、人と情報の流動性を高めています」

――グローバル企業として、レゴはこの先、どのように市場を拡大していきますか。

「目下の重点市場は中国です。２０２０年も私たちの成長を大きく牽引しました。中国でのブランド認知や理解を広げるために、テンセントなど有力企業との連携が大きなカギを握ると考えています」

「一方で、レゴの世界観を理解してもらうことも大切です。それには、レゴブロックに実際に触れてもらいながら、レゴを体験してもらう場が必要になります。これが中国でレゴストアを増やしている理由です。２０２０年は、新たに１３４店舗を開設しましたが、そのうち91店舗が中国国内にオープンしました」

「ストアを通じて、レゴをまったく知らない人も、我々がどんな価値観に基づいているのか、店舗を訪れることで深く理解できます。ここでの体験や印象が、後々まで記憶に残っていきます。商品そのものはオンラインで購入してもらっても構いませんが、レゴに触れる体験こそ、ブランドを高める上で、重要だと考えています」

「このアプローチは、今後の新市場の開拓にも応用できます。例えば、中東地域は、2028年には子供の数が1億2500万人に達すると言われています。既にUAEのドバイにオフィスを開設し、中東地域の拠点を設けています。アフリカの本格展開もこれからですし、経済成長が著しいインドも視野に入っています。レゴの成長のポテンシャルは、まだまだあるのです」

——継続的な成長には、企業文化の維持も大切になります。

「幸運なことに、レゴにはとても強いブランド力があり、社員の企業文化の理解も進んでいます。レゴで長年働いてきた人も多く、レゴがどんな企業か肌で理解している社員が多い。基本は、そうした社員一人ひとりが持つレゴの企業文化を尊重することが最善だと考えています。では、経営陣は何をするのか。それは、目指すべき方向を指し示すことだと思っています」

「パーパス、すなわちレゴの存在意義を常に示し、そこに向かって変化を推進していくのが、経営者の役割です。我々の存在意義は、子供たちの未来に貢献することですから、それを実現するためにはどうしたらいいか。それを考え、社員を鼓舞するのが私の役割です」

「最近では、パーパスを浸透させるために、チーフ・カルチャー・オフィサーを置いている会社もありますが、当社に関していえば、私自身がその役割を担っていると言えるでしょう。ただし、リーダーがカルチャーを喧伝するというのは、本末転倒のような気もします。カルチャーとは教えるのではなく、社員一人ひとりが自覚して身につけていくものだと思います」

――レゴの強さとは改めて何でしょうか。

「レゴには信頼されたブランド力と明確なビジョンがあります。デジタル化、会社のDXを推し進める先にあるのは、子供たちの明るい未来です。大事な要素は〝Ｆｕｎ＝楽しむこと〟。どんな仕事も、その人がおもしろがる以上にパフォーマンスを発揮することはできません。レゴ自体が、子供たちにＦｕｎという体験を提供する会社であり続けるためには、私たち自身が仕事を楽しみ、おもしろがる文化を大切にする必要があります」

「決して目新しい考え方ではありませんが、それを日々の働き方にどう浸透させていくかが、私の挑戦でもあります。コロナ禍で学んだのは、社員のモチベーションやエンゲージメントを高め、権限移譲できる組織をつくることの重要性です。社員の創造性を解放し、夢中になって仕事に取り組んでもらうためには、どうすればいいのか。唯一の答えはありませんが、挑戦しがいのある課題です。私自身もワクワクしながら取り組んでいます。やはりレゴのCEOというのは、ほかの企業にはない特別なものです」

解説

価値を生み続ける会社の条件

佐宗邦威（BIOTOPE代表）

今、あなたが会社を去ったら、会社は何を失うだろうか――。

本編に何度か登場するこの問いは、「存在意義」というちょっと難しいことを考えるためのど真ん中の質問だ。

この問いを考える上では、次のようなことが自然に頭に浮かんでくる。

あなたは、会社の中でどんな役割を果たしているだろうか？
あなたには、どんな強みがあるだろうか？
あなたが、その会社で働く動機は何だろうか？

人間という言葉は人の間と書く。人間は、自分一人では何者でもない。自分以外の誰か（それはついには社会となるのだが）との間で、何かしらの役割を果たしている。

人は、生まれてすぐには一人で何もできないが、徐々に成長し、社会の中で経験を積むことで、できることが増えていく。その過程で自然にできることや役割も広がっていく。

成長期において、それはすばらしいことだ。しかし人は成長期を終え、中年に入る頃になると、自分のしていることがあまりにも多岐にわたり、逆に自分の存在意義を見失う。

心理学の世界で「中年の危機」と呼ばれる時期は、社会の中で成長とともにできることが増え、肥大した自分の役割を整理し、自分が果たすべき役割の中心を見つけ直す時期と言える。

このプロセスでは、多くの社会的な役割を捨て、自分が自分らしく、そして社会にとっても良いような、最も重要な本質を選び取る〝役割の断捨離〟が必要になる。

企業に問われる存在意義

巷間、多くの企業も同様の問いを突きつけられているのではないかと思う。

企業の存在目的が消費者や株主などから問われるようになり、企業理念の見直しや再解釈を実施する企業が増えている。かつてないほど、会社の存在意義を問う機運が高まっている。

自社は、何のために事業をやっているのか。

自社が存在しないと、社会は何を失うのか。

これまでは、経済成長を是として規模を拡大することが絶対善だった。成長している間は、それが意味のあることかどうかを考え直す必要はない。

しかし、人口減少や気候変動によって、今では事業の規模拡大そのものが、場合によっては自分たちの依って立つ地球に悪影響を与える可能性すら出てきている。その文脈の中で、企業活動の環境に対する負荷が見直されたり、企業が生み出す儲けがいかに社会に良い効果をもたらすかが、自然に問われたりするようになってきた。企業も、自分たちの存在意義を考え直す局面に来ている。ビジネスの世界においても、中年の危機のようなものが起こっているのではないだろうか。

これまで、成長を唯一の「絶対善」としてきたビジネスの現場では、戦略を議論することはあっても、自社の存在意義を深く話し合う機会は多くはなかった。議論の対象となるのは常に競争相手や市場であり、自社の利益を最大化するための製品やサービスの開発に、多くの時間が費やされてきた。

ところが、事業を取り巻く状況はこの10年で大きく変わった。戦略も確かに大事だが、利益追求だけを目的とする会社は、消費者ばかりでなく、従業員や株主からも支持を得られなくなりつつある。

問われているのはむしろ、事業活動を通してどんな世界を実現しようとしているのか、社会に対してどんな価値をもたらすのかという明確な意義であり、会社の大きな意思決定の中で、その理由を説明できるようにすることだ。

端的な例が、「地球を救うためにビジネスを営む」という直截なミッションを掲げるパタゴニアだろう。

アウトドア製品に特化するパタゴニアが、自社だけで地球を救うことは不可能だ。しかし、自社の製品を通じてビジネスのあり方を問い直すメッセージを提起するという役割に絞ることで、広く支持を得ることができている。

ポイントは、社会におけるインパクトを最大化させるために、自社だけですべてを行うのではなく、自社の強みと存在意義にフォーカスすることで、広く社会と協業できるようにしていくことにある。

本書が取り上げたレゴもまた、一度は拡大路線を突き進んだ。ブロックの特許切れとともに成功モデルを失い、事業の多角化に走った。その中で「中心」が分からなくなり、存在意義を見失った。

しかし、自社が提供するコアの強みを再検討し、社会におけるレゴの存在価値を定め、社会と共創することで、価値創造型の企業として息を吹き返した。

私が経営する共創型戦略デザインファームBIOTOPE（ビオトープ）は2015年の創業当初、イノベーション支援のプロジェクトが多かった。

一方、ここ数年は会社の規模を問わず、企業のビジョンを描いたり、自社の役割を「パーパス」や「ミッション」という形で言語化したり、暗黙知である組織文化をバリューとして言語化したりするような、理念のデザインとも言えるプロジェクトが増えている。

これからの時代には、企業がどんな価値を生み出していきたいのかという意思が重要になる。その問いに答えるには、一足飛びに、その価値を生み出すイノベーションに取り組むだけではなく、「ミッション」「ビジョン」「バリュー」といった経営理念の土台を固め、時間をかけて組織全体で価値を生み出していくことが必要だ。

経営者や事業トップらと膝詰めで議論を重ね、〝腹落ち〟した意義や価値観を、と考える企業は確実に増えている。

正解が分からない時代の起点

ここに来てなぜ、会社の存在意義が大切になっているのか。背景には、いくつかの理由がある。

一つは、急速な技術変化である。ＩｏＴ（モノのインターネット化）やＡＩ、ロボティクスなど、この20年ほどで起こったデジタルの技術革新は、社会構造を大きく変えた。産業の主役が工業から情報へと移行する中で、企業も情報化社会に適した経営や組織へのシフトが迫られている。情報化社会では、顧客や従業員などのステークホルダーからの共感を得ることが、事業推進に不可欠なのだ。

例えば、自動車業界。これまでの自動車メーカーは、品質の良い自動車を開発することが最優先課題だった。メーカーの資源はこの目的を遂行するために費やされ、質の良いクルマを効率良く開発することに最適化した「生産する組織」を構築することで、競合他社との競争を繰り広げてきた。

ところが、情報化の時代にルールは変わった。自動車メーカーが開発すべき製品は、必ずしも質の良いクルマだけではなくなっている。自動車業界以外からライバルが多数参入し、自動運転やシェアリングなどの新技術や新サービスも登場した結果、「モ

ビリティ」という、従来よりも大きな概念で未来の自動車について捉え直す必要に迫られている。

よく言われるモノからコトという動きの本質は、新しい価値観に基づいたビジネスモデル、つまりシステムをつくるということにある。そしてシステムには必ず、設計思想が必要になる。

既存のクルマという枠にとらわれず、新しいアイデアを事業化していくには、まずそのよりどころとなる自社の思想、すなわち価値基準を定める必要がある。自分たちの会社は何をすることを価値だと考えており、その結果、どんな社会を実現したいのか。

ここを起点に新しい試みを始めなければ、事業が迷走する可能性が高い。その意味で、企業はどのような価値を提供するかという「What」以前に、なぜその事業をやりたいのかという「Why」が問われている。

働く人の意識が大きく変わった

会社の意義が重視されるようになったもう一つの理由は、社会を構成する中心世代の価値観が変わってきたことだ。

生まれた時からインターネットやスマートフォンに日常的に触れている、ミレニアル世代やZ世代と呼ばれる層が社会の主役になりつつある。２０２５年には、彼らの世代が世界の労働人口の75％を占めるとも言われている。

これらの世代の消費の特徴として挙げられるのが、商品やサービスの魅力よりも、それを提供する企業の意義を重視するという点だ。

商品を選ぶ際には、価格や機能よりも、そこに内在する意味を重視し、開発した企業の姿勢への共感を大事にする。先進国のミレニアル世代・Z世代は、環境問題といった社会課題にも敏感だと言われ、サステナビリティといった言葉に対する感度も高い。

BIOTOPEのメンバーの半数以上は20代だ。彼ら・彼女らと話していると、豊かさに対する価値観の変化を実感する。

金銭的な報酬も生きていく上では必要だけれど、それ以上に、自分が意義を感じるプロジェクトに関わっていたいと考えている。その背後にある本音は、「未来は予測できないし、絶対的な答えは分からない。それでも、自分と同じような価値観を持つ人や企業と一緒に、答えのない時代を、この瞬間を楽しみながら歩んでいきたい」というものだろう。

売上高や利益といった従来の経営指標だけで成功を測ることは、次第に難しくなっている。むしろ、これから大切になるのは、企業がどのような世界をつくり出したいのかというビジョンや世界観を示すことである。

それを通して共感してもらい、協働したくなる組織文化を醸成し、社員はもちろん、パートナーや株主などのステークホルダーにも仲間意識を持ってもらうことが、長期的に価値創造を続ける上で重要になってきている。

生産する組織から創造する組織へ

表現の違いはあれど、ほとんどの企業が自社の存在意義を定義している。ミッションやビジョンを策定して自社サイトに掲載している企業も少なくない。

しかし、それらが本当の意味で会社の中で生きた一人ひとりの人生の物語となっているケースは、残念ながら多いとは言えない。

特に歴史を重ねてきた伝統企業ほど、その意義を見失っている場合がある。経営者の交代や事業の成長、多角化の結果、創業者が持っていた会社のＤＮＡ（遺伝子）が希薄化し、いつの間にか存在意義が曖昧《あいまい》になったり、社内で一貫性が保てなくなっていたりする。創業期には明確に存在した理想像と向かうべき方向が、どこかのタイミングで失われてしまうのだ。

工業化時代の「生産する組織」では、たとえ意義が希薄化したとしても、経営の深刻な問題になることは少なかった。前述した自動車業界のように、「やるべきこと」「作るべきもの」が明確に決まっていたため、経営者は大きな方針を示してさえいれば、生産活動は分業体制で効率的に管理できたからだ。

ところが、情報革命によってあらゆる人がネットワークでつながった時代には、状況が大きく変わってくる。

情報化社会は、さまざまな人や会社が、データやコミュニケーションなどの相互作用の末に、新しい製品やサービスのアイデアを生んでいく。企業はデータやアイデアなどの無形資産を集める場となるが、最終的に新しい価値を生み出せるかは、人にかかっている。従って、企業は人が大きなビジョンや存在意義を持てる場であり続けることが重要になる。

社員一人ひとりの思いや意義を引き出し、それらを会社の向かう方向と一致させていく「創造する組織」に転換する必要があるのだ。

この観点でも、レゴの事業の変遷は興味深い。成長の過程で、生産する組織から創造する組織へと切り替わっているからだ。分岐点となったのは、1990年代後半に陥った経営危機だ。

それまで、レゴは「子供には最高のものを」という意義の下、強みをブロックの品質に置いていた。堅牢で壊れず、カチッとはまる精巧なブロックを、効率的に大量生産して、玩具市場でのシェアを広げていった。

ところが、1980年代にレゴブロックの特許が切れ始めると、ブロックの品質だけでは競争に勝てなくなっていく。

テコ入れのために外部から経営者を招聘し、脱ブロックを掲げて事業の多角化を推進するが、結果的には自社の存在意義が希薄化し、改革は失敗に終わる。そして、さらに深刻な経営危機に陥ってしまった。

ここで、レゴは再び自社の存在意義を問い直した。

この時、改めて確認したのが、レゴの提供する遊びとは、ブロックそのものだけでなく、組み立てシステムにあるという理念だった。レゴの価値はブロックの品質だけではなく、組み立てる体験にあると再定義したのである。

自社の存在意義を問い直し、やることとやらないことを明確にした結果、レゴはその価値を社外のパートナーと共同で拡張していくことが可能になった。

新しい製品を生み出すイノベーションの手段にとどまらず、会社の価値そのものを拡張するような好循環も生み出している。それはまさに、創造する組織への転換によって生き返った物語ではないか。

「根っこ」を掘り出していく

では、企業はどのようにしてレゴのように独自の価値を生み出す創造する会社に進化できるのだろうか。

企業経営ではどうしても、競合との比較など、他者目線に意識を奪われる。しかし、重要なのは、「自分たちの強みは何か？」「自分たちが過去―現在―未来を通じて生み出し続ける価値は何か」という、自社の蓄積してきた文化的リソースを探索し、改めて意味付けを繰り返すことではないだろうか。

つまり、存在意義を憲法のように定めて終わるのではなく、生きた物語に変え、常にアップデートし続けていくのだ。

日々、私たちは、顧客や競合など、外と向き合って過ごしている。その状況では自分たちの持つ能力を見つめ直すことはあまりないだろう。しかし、価値創造の局面では、自分たちの中に眠る能力に焦点を当てることで初めて、まだ見えない可能性が見えてくる。

そのためには日常の業務の中で、自社の存在意義を再考するための余白をつくることから始めるといい。

最初から結論を出そうとせず、現場を任せている社員や未来志向の役員らと議論を重ね、少しずつ自分たちの根っこを一緒に問い掛けていくのだ。

レゴがもう一つ興味深いのは、ブロックそのものを、人や企業の存在意義を探索し、物語を生み出すツールとして利用できる、ということだ。

その一例が本編でも触れた「レゴシリアスプレイ」である。実は、筆者は2008年にレゴシリアスプレイの認定ファシリテーターの資格を取得している。まだ日本人ファシリテーターが10人未満だった黎明期のことだ。

「レゴシリアスプレイ」の詳細については本編に譲るが、レゴを組み立てることを通じて、自分の中に存在する考えを引き出し、最終的には企業の戦略まで策定することができる。

この方法論の魅力は、人は手を動かしながらモノを作ることで、自分の中で無意識にやりたかったことや大事にしたかった考えに気づくことにある。「レゴシリアスプレイ」はいわば、現代版の箱庭療法だ。

これを、多様なプレイヤーで一緒に実施すれば、それぞれのプレイヤーがどのようなことを考えているのかという関係性が見えてくる。するとレゴブロックの世界は、そのままリアルタイムで戦略をシミュレーションできる場に早変わりする。

最初は特に明確な答えが浮かばなかったとしても、手を動かしながらブロックを組み立てていくと、潜在的に自分たちが作りたかったモノのイメージが見えることがある。

さらに組み立てたモデルを、自分の口で説明していくと、ふと出てきた言葉によって、新しい気づきを得ることもある。「思いを口に出して初めて、自分の考えが理解できた」という体験が何度も起こるのである。

ここから言えるのは、まず、やってみることの大切さだ。

「レゴシリアスプレイ」のワークショップの中でも、最も象徴的な問いの一つが「作ったパーツの中で、一番大事なパーツは何か」「それはどういうことか？」というものだ。せっかく作り上げたものをバラバラにして、その中で大事な一個を直感的に選ぶという行為は、まさに、存在意義を見つめ直す考え方そのものと言えるだろう。

ビジネスの世界では長らく、事前に十分なデータを集め、検証されたアイデアを実行することが当たり前とされてきた。しかし、何が正解か分からないような現代では、試行錯誤を続けていくことこそ、新しい価値を生む。

考えを頭の中だけにとどめず、まず形にしていくこと。情報化時代の大切な所作だろう。

ＡＩ時代の人の価値とは

最後に、本書の序章で問いかけられていたこれからの人間の価値とは何かについて、私の考えを記しておきたい。

ＡＩの社会実装が進んだ時、果たして人間の価値とは何なのか。

それは端的に言えば、「文化をつくり出す力」ではないだろうか。すなわち、集団として〝群れる〟ための工夫やアイデアを生み出す力である。

人間は一人では生きていけない動物だ。歴史的にも人と人が集まり、群れることで繁栄を続けてきた。そして、この群れを束ねるために、さまざまな工夫を重ねてきた。

情報の共有、暗黙のルール、社会規範……。

人と人をつなぎ、互いを支え合う場を通じて育まれた結果が、文化なのではないかと思う。そう考えると、人が集い、繁栄を続ける場を文化に昇華できるのは、人間にしかできない。

いみじくも、レゴは世界のどこでも、ブロックを通じてコミュニケーションができる。ブロックという共通言語を土台にファン同士をつなげ、新たな文化を生み出していくプラットフォームとも言える。

ＡＩとの付き合い方を模索する時代、人間の側面を伝える表現に「ホモ・ルーデンス」という言葉がある。人は遊ぶ生き物だ、ということだ。

人は人と群れ、遊び、そして文化をつくっていく。そんな次の時代の人間性を具現化していくのが、レゴという会社の未来なのではないだろうか。

付録

潜入！レゴ工場

超効率経営の心臓部

写真：デンマークのビルンにあるコーンマーケン工場。1年間ほぼ休むことなく稼働する

レゴ創業の地、デンマークのビルンにあるコーンマーケン工場は最も歴史のある生産拠点だ。同社の効率経営の心臓部とも言える内部の様子を、写真とともにご覧いただこう。

レゴブロックの製造工程は、大きく次の3つのステップを踏む。

①ブロックの材料となるプラスチック素材を搬入
②それらを溶かし、成形機でブロックに成形（モールディング）
③ブロックを製品ごとに集荷し、箱詰めして出荷（パッケージング）

コーンマーケン工場では、この工程のうち、主に①と②を担う（写真1）。レゴはこのほかハンガリー、メキシコ、チェコ、中国に工場を持ち、世界市場に向けたブロック生産とパッケージングを手がけている。レゴの年間のブロック生産数は、2017年時点で、年間750億個に達する。

コーンマーケン工場の広さは6万2000㎡。拡張を重ねて生産能力を高めてきた（写真1）

新製品はブロックの組み合わせを変えるだけ

本編でも触れた通り、レゴの高効率経営の秘密は、中核事業をブロックの開発と製造に絞り込んでいることにある。

玩具の世界は一般に映画や音楽産業に近く、はやりすたりの激しい業界と言われる。シーズンごとに流行する玩具が目まぐるしく変わり、去年のヒットが翌年も同じように売れるとは限らない。人気の高いキャラクター製品であっても、コンセプトや遊び方をシーズンごとに変えていかなくては、売り上げを維持し続けるのは難しい。

多くの玩具メーカーは毎シーズン、トレンドの変化に対応するために、新たな玩具を開発し、

見学者は工場に入る前に、専用の靴に履き替える（写真2）

工場を横断するように、500mの長い通路が走っている（写真3）

そのための生産ラインに投資する。ワンシーズン限りで終わる玩具も少なくないため、定期的に設備更新を迫られる。これが、一般的な玩具メーカーの経営効率を下げる要因の一つになる。

一方、レゴの場合はこの事業構造が異なる。

毎シーズン、新商品を投入しても、基本的に生産ラインの大規模な変更は不要だ。新商品はブロックの組み合わせを変えてパッケージングし、新たなパーツの生産に必要な成形部品を追加するだけで済む。新商品であっても既存ブロックを使う割合が高ければ、経営効率は高まっていく。

1時間で400万個を生産

では、実際に現場の様子を見ていこう。

ABS樹脂で作られた「グラニュレイト」と呼ばれるプラスチックの素材（写真4）

工場の入り口でまず、専用の靴に履き替える（写真2）。新型コロナウイルスの影響で工場は一時的に操業停止を余儀なくされたこともあったが、現在は通常の体制に復帰している。工場はクリスマスを除いて364日、24時間稼働している。

工場では1時間当たり400万個のブロックを生産。地元を中心に約800人の従業員が、2交代シフト制で業務に就く（写真3）。

工場に足を踏み入れてすぐに気づくのが、天井に無数に張り巡らされたパイプだ。そのパイプから時折「シャーシャー」という音が工場内に響き渡る。音の正体は、ブロックの材料となる、ABS（アクリロニトリル・ブタジエン・スチレン）樹脂から作られたプラスチック素材。「グラニュレイト」と呼ばれる小さな米粒のような状態でトラックで毎日工場に運搬されてくる（写真4）。

工場内に24基ある巨大なサイロ。この中にプラスチック素材が貯蔵される(写真5)

1日に使われるグラニュレイトの量は100トンあまり。工場内に張り巡らされたパイプを通って、24基ある巨大なサイロに貯蔵していく(写真5)。

本書の第8章でも触れた通り、レゴは現在、このABS樹脂に代わる再生可能な素材を原料にしたブロックの開発を進めている。2018年にはその最初の成果となる、植物性のサトウキビ素材でできた「木」や「森」の部品(エレメント)を開発した。

工場を案内してくれたレゴの担当者によると、プラスチック素材は約20種類ほどのカラーバリエーションがあり、これらを混ぜ合わせることで、50以上の色を作り出しているという。使う素材の色はシーズンや製品によって柔軟に変えている。

ずらりと並んだブロックの成形機。約800台が稼働している（写真6）

８００台の成形機で製造

次は、モールディングの工程だ。貯蔵されたプラスチック素材のグラニュレイトは、製造する部品ごとに成形機に送られていく。コンピュータで自動制御された成形機は、業務用の巨大な冷蔵庫を横に倒したような形をしている（写真６）。グラニュレイトを取り込み、２３０度から３１０度の高温で溶かし、練り歯磨き状にしてブロックの「型」に流し込んでいく。

製造するパーツの種類に応じて、1平方センチメートル当たり最大2トンの圧力をかけ、形を作っていく。10秒ほどするとブロックは冷めて硬くなり、自動的に型から外れる。規則正しい手順で、手際よくブロックが量産されていく。

ブロックの精度は０・００５ミリメートル単

成形機が製造したブロックを集荷するロボット（写真8）

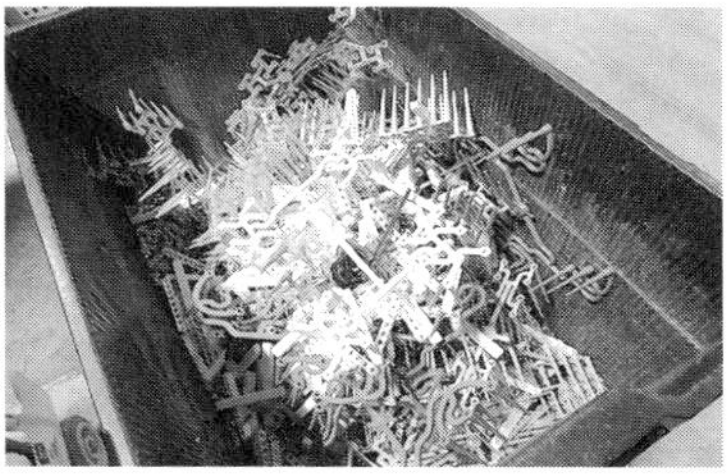

成形工程で使われなかったプラスチックも再利用される（写真7）

位に合わせ、ブロック同士がピタリとはまる品質を保っている。コーンマーケン工場では約800台の成形機が稼働している。

環境に配慮し、成形の工程で残ったプラスチックや床に落ちたブロックは、可能な限り再利用されている（写真7）。

巨大な倉庫でブロックを管理

生産されているレゴブロックのエレメントの種類は約3700以上あるという。第3章でも触れた通り、2000年代前半には、このエレメントの種類を増やしすぎて、経営が圧迫された時期もあった。経営が軌道に乗った現在は、エレメントの数は再び増加傾向にある。

巨大な倉庫には、42万箱のレゴブロックが保管されている（写真10）

レゴのブロックには、それぞれ個別の識別子が割り当てられている（写真9）

製造したブロックは、商品化まで一時的に倉庫に保管する。成形機から倉庫までの移送を担うのが、写真8の搬送ロボットだ。成形機に付属する箱の中に成形したブロックが一定量貯まると、箱を自動的に集荷して、倉庫に続くベルトコンベヤーまで運んでいく。

レゴのパーツはすべてに識別子を割り当てており、バーコードで製造工程を管理している（写真9）。ロボットは、集荷した箱を物流倉庫につながるベルトコンベヤーまで運んでいく。別室の倉庫には42万箱のレゴブロックが保管されており、注文が入ると巨大なクレーンが自動で該当する箱を選び出し、梱包のためのベルトコンベヤーに載せていく（写真10）。

コーンマーケン工場では、仕上げの段階の一部も実施している。レゴのミニフィギュアの顔を描く工程などを経て、ブロックを製品ごとに袋に梱包し、商品として出荷していく。

現在はサプライチェーンも整備され、世界に5つある生産拠点から、最も効率的な販路を選んで的確に製品を送り出すことができるようになった。レゴを世界最大の玩具メーカーに押し上げたブロックの開発・製造事業。その競争力の源泉である生産工場もまた、進化を続けていく。

あとがき

レゴを生んだデンマークは、秩序と混沌が交じり合った不思議な国だ。

秩序とは、言わずと知れた福利大国を指す。国民の医療費、教育費、出産費は無料。首都コペンハーゲンだけでなく、デンマークの主要都市はどこも道が舗装され、建物はきれいに管理されている。消費税率25％、国民負担率およそ60％に達する税金が、この手厚いシステムを支えている。

一方の混沌はコペンハーゲンの中心部に、出島のように存在している地区に垣間見ることができる。クリスチャニアと呼ばれるその場所は、世界でも有数の強力な自治権を持つヒッピー・コミューンとして知られる。

小さな湖と、木々が生い茂る一帯は、壁がカラフルに塗られた家屋や木造のツリーハウスが林立している。人口約９００人、面積約７・７ヘクタールの小さなコミュニティだが、デンマーク政府から独立した自治権を有する。

「暴力禁止、車両通行禁止、ハードドラッグ禁止」という独自の〝法律〟を運用し、国歌や国旗も持つ。この地域に限っては、政府も大麻の使用を黙認している。

デンマークという先進国で、政府の権限が限定されるコミュニティが存在するなど想像しにくいが、クリスチャニアは国民からも認められ、自治コミューンとして現在も運営されている。

福利大国とヒッピー・コミューン――。

一見、両極に存在するように見える2つのコミュニティは、底流にあるデンマークの価値観でつながっている。通底するのは、国民（住民）一人ひとりが独立した個人として尊重され、コミュニティ運営に主体的に関わっている点だ。福祉を享受することと、自由を獲得することは、当事者意識を持ち、自分自身の行動に責任と規律を持って生活することを求められる点で同じなのだ。

レゴというシンプルな玩具は、こうしたデンマークの文化をある一面で象徴している。ブロック遊びを通じて養える論理能力と創造力は、秩序と混沌そのものだ。

巷間、レゴが人間本来の能力を引き出すツールとして注目を浴びているのは、一見矛盾しそうな2つの価値の両方を肯定し、呼び覚ましてくれるからかもしれない。

「あなたは、何を作りたいのか」

「あなたは、何を大切にしているのか」

「あなたがいなくなったら、世界は何を失うのか」

レゴブロックを組み立てながら、デンマークの人々は、何世代にもわたって自分たちの考えをブロックで表現してきた。

自分の価値を解き放てるのは、自分自身の行動しかない。考える前に、まずは手を動かすことから始めるのが、レゴの経営から得られる教訓の一つかもしれない。

本書は、２００８年に筆者が前職の日経ビジネス記者時代に出会った、エレファントデザインの西山浩平氏への取材がきっかけとなって生まれた。改めて、すばらしい機会を与えてくれた日経ビジネス編集部に感謝したい。

本書の内容は、当時執筆した記事を参考に、改めてレゴ関係者に取材し、同社の経営とブロックの持つ不思議な魅力に迫ったものである。

途中、コロナ禍によって物理的な移動を伴う取材は困難になった。だがウェブ会議サービスなどを駆使することで、むしろ以前よりもさらに自由に国境や距離を超え、世界各地のレゴ社員に取材できた。情報技術の進化によって、取材活動に物理的な距離の制約が消滅しつつあることを実感できたのは、大きな収穫だった。

レゴ本社の取材には、５年以上にわたり、同社のコーポレート・コミュニケーションを担当してくれたホア・ルー・トラベック氏、デニース・ラウリッツェン氏、レゴ財団のヤン・クリスチャンセン氏らに多大なるサポートを受けた。取材に対応してくれたＣＥＯのニールス・クリスチャンセン氏をはじめ、歴代の幹部、すべてのレゴ関係者にお礼を申し上げる。

現在、筆者が働いているリンクトインにも感謝したい。長年温めてきた企画を形にすることを心から応援してくれ、世界各地の同僚が支援してくれた。

本書は、信頼する多くの仲間の助けによって完成した。写真家の永川智子氏には、数々の取材に同行してもらった。彼女独自の視点で、ファインダー越しにいくつもの印象的な場面を切り取ってくれた。前作『突き抜けるまで問い続けろ 巨大スタートアップ「ビジョナル」挫折と奮闘、成長の軌跡』に続き、筆者の意図を汲んだ丁寧な編集を手がけてくれたダイヤモンド社の日野なおみ氏は、かけがえのない戦友である。今回の作品もまた、原案よりも何倍も磨かれた内容になった。

レゴのシンプルな価値は、今も多くの子供や大人を魅了する。その世界を経営の観点から迫った本書もまた、何度もレゴブロックを積み上げるようにアイデアを形にしながら、出来上がった作品である。

２０２１年11月

蛯谷　敏

［レゴ年表］

歴代ＣＥＯ（最高経営責任者）	西暦	主な出来事
創業者 オーレ・キアク・ クリスチャンセン	１９３２年	家具職人オーレ・キアク・クリスチャンセンが木製玩具を製造開始
	１９３４年	社名を「ＬＥＧＯ」に定める
	１９４９年	最初のプラスチック製ブロックを開発
	１９５３年	ブロックの名称を「レゴブロック」に変更
	１９５６年	初の海外市場としてドイツに進出
２代目 ゴッドフレッド・キアク・ クリスチャンセン	１９５８年	ゴッドフレッド・キアク・クリスチャンセンが父から経営を引き継ぐ レゴブロックの特許を取得
	１９６８年	最初のレゴランドパークがデンマークのビルンに開園
	１９６９年	幼児向け「レゴデュプロ」を発売
	１９７８年	最初の「ミニフィギュア」誕生
３代目 ケル・キアク・ クリスチャンセン	１９７９年	ケル・キアク・クリスチャンセンがＣＥＯに就任
	１９８５年	米マサチューセッツ工科大学（ＭＩＴ）とパートナーシップを締結
	１９８９年	１９８０年に発足したレゴの教育部門が「レゴダクタ」に名称変更
	１９９６年	インターネットのホームページ「www.LEGO.com」開設
	１９９８年	ＭＩＴと共同で開発した「レゴマインドストーム」発売
	１９９９年	「レゴスター・ウォーズ」シリーズを発売
	２００２年	レゴストア１号店がドイツのケルンにオープン

CEO	年	出来事
4代目 ヨアン・ヴィー・ クヌッドストープ	２００４年	ヨアン・ヴィー・クヌッドストープがＣＥＯに就任
	２００５年	レゴランドを英マーリン・エンターテイメンツに売却
	２００８年	世界の有名建築をモデルにした大人向け「レゴアーキテクチャー」発売
	２００９年	自分のオリジナルレゴをパソコンでデザインできる「レゴデザイン・バイ・ミー」提供
	２０１１年	ファンのアイデアを製品化するプラットフォーム「レゴ空想」を開始 「レゴニンジャゴー」シリーズ発売
	２０１２年	女の子を主人公にした「レゴフレンズ」を発売 レゴ創業家が経営するカークビーが洋上風力発電に出資
	２０１４年	レゴムービー公開 「レゴ空想」を「レゴアイデア」にリニューアル
	２０１５年	レゴブロックの主要原料を持続可能な素材に置き換える計画を発表
	２０１６年	中国でブロックの生産工場が稼働
5代目 バリ・パッダ	２０１７年	1月にＣＥＯに就いたバリ・パッダが8月に退任。10月にニールス・クリスチャンセンがＣＥＯ就任 デンマークのビルンに「レゴハウス」が開園 世界で8番目のレゴランドが日本に開園 子供向けレゴ専用ソーシャル・ネットワーク・サービス「レゴライフ」開始
6代目 ニールス・ クリスチャンセン	２０１７年	英マーリン・エンターテイメンツを買収し、レゴランドを再び傘下に 自社の事業で使う電力を１００％再生可能エネルギーで賄う
	２０１８年	持続可能な素材で製造したレゴエレメントを製品に採用
	２０２０年	「レゴスーパーマリオ」を発売 持続可能な製品開発などに向けて4億ドルの追加投資を発表 ２０２０年12月期に創業以来最高の業績を記録
	２０２１年	再生プラスチックから製造したレゴブロックの試作品を発表 ビルンにレゴの新本社が完成

【参考文献】

『マインドストーム 子供、コンピューター、そして強力なアイデア』シーモア・パパート、奥村貴世子訳（未来社、１９９５年）
『イノベーションの発生論理―メーカー主導の開発体制を越えて』小川進（千倉書房、２０００年）
『イノベーションのジレンマ―技術革新が巨大企業を滅ぼすとき』クレイトン・クリステンセン、伊豆原弓訳（翔泳社、２００１年）
『ビジョナリーカンパニー２ 飛躍の法則』ジム・コリンズ、山岡洋一訳（日経ＢＰ、２００１年）
『民主化するイノベーションの時代』エリック・フォンヒッペル、サイコム・インターナショナル監訳（ファーストプレス、２００６年）
『ビジョナリーカンパニー３ 衰退の五段階』ジム・コリンズ、山岡洋一訳（日経ＢＰ、２０１０年）
『ユーザーイノベーション：消費者から始まるものづくりの未来』小川進（東洋経済新報社、２０１３年）
『レゴはなぜ世界で愛され続けているのか 最高のブランドを支えるイノベーション７つの真理』デビッド・ロバートソン、ビル・ブリーン、黒輪篤嗣訳（日本経済新聞出版社、２０１４年）
『ＨＡＲＤ ＴＨＩＮＧＳ 答えがない難問と困難にきみはどう立ち向かうか』ベン・ホロウィッツ、滑川海彦・高橋信夫訳（日経ＢＰ、２０１５年）
『戦略を形にする思考術：レゴシリアスプレイで組織はよみがえる』ロバート・ラスムセン、蓮沼孝、石原正雄（徳間書店、２０１６年）
『Building a Better Business Using the Lego Serious Play Method』Kristiansen, P. and

Rasmussen, R.（Wiley、２０１４年）
『Free Innovation』Von Hippel, E.（The MIT Press、２０１７年）
『ライフロング・キンダーガーデン 創造的思考力を育む４つの原則』ミッチェル・レズニック、酒匂寛訳（日経ＢＰ、２０１８年）
『レゴブロックの世界 60周年版』ダニエル リプコーウィッツ、五十嵐加奈子訳（東京書籍、２０１９年）
『日経ビジネス』5月24日号：p58-68「4億人が遊ぶ最強玩具「レゴ」ヒット商品は素人に学ぶ」蛯谷敏（日経ＢＰ、２０１０年）
『日経ビジネス』2月16日号：p24-41「どん底から世界一へ ＬＥＧＯ グーグルも憧れる革新力」蛯谷敏（日経ＢＰ、２０１５年）
『Quantifying User Innovation in Consumer Goods - Case Study of CUUSOO.com Japan』Nishiyama, K. and Ogawa, S.（Gabler、２００９年）
『THE FUTURE OF EMPLOYMENT: HOW SUSCEPTIBLE ARE JOBS TO COMPUTERISATION?』Frey, C. B. and Osborne, M. A.（Oxford Martin School、２０１３年）

写真クレジット

【カバー、表紙】
ブロック：竹井俊晴

【口絵】
①⑥⑦⑳㉑㉖㉗㉘：レゴグループ提供
②③④⑤⑧⑨⑩⑪⑫⑬⑭⑮⑯⑰⑱⑲㉒㉓㉔㉕㉙㉚㉛㉜：永川智子

【本文】
P21、41、42、126、155、263、272、303：レゴグループ提供
P13、19、35、57、77、101、144、155、183、189、200、207、285、313、339、341、342、343、344、345、346、347：永川智子
アヒルのブロック：竹井俊晴

［著者］
蛯谷 敏（えびたに・さとし）
ビジネス・ノンフィクションライター／編集者
2000年日経BP入社。2006年から『日経ビジネス』の記者・編集者として活動。2012年に日経ビジネスDigital編集長、2014年に日経ビジネスロンドン支局長。2018年7月にリンクトイン入社。現在はシニア・マネージング・エディターとして、ビジネスSNS「LinkedIn」の日本市場におけるコンテンツ統括責任者を務める。これからの働き方、新しい仕事のつくり方、社会課題の解決などをテーマに取材を続けている。著書に『爆速経営 新生ヤフーの500日』（日経BP）、『突き抜けるまで問い続けろ　巨大スタートアップ「ビジョナル」挫折と奮闘、成長の軌跡』（ダイヤモンド社）。「レゴシリアスプレイ」認定ファシリテーター。

レゴ
――競争にも模倣にも負けない世界一ブランドの育て方

2021年11月30日　第1刷発行
2022年9月27日　第2刷発行

著　者――蛯谷 敏
発行所――ダイヤモンド社
〒150-8409　東京都渋谷区神宮前6-12-17
https://www.diamond.co.jp/
電話／03･5778･7233（編集）　03･5778･7240（販売）

装丁･本文デザイン――トサカデザイン（戸倉 巌、小酒保子）
DTP――――河野真次（SCARECROW）
校正――――聚珍社
製作進行――ダイヤモンド・グラフィック社
印刷――――新藤慶昌堂
製本――――川島製本所
編集担当――日野なおみ

ISBN 978-4-478-11457-5